Professionelles Partnermanagement im Lösungsvertrieb

Robert Klimke

Professionelles Partnermanagement im Lösungsvertrieb

In 35 Schritten zur nachhaltig erfolgreichen Geschäftsbeziehung

 Springer Gabler

Dr. Robert Klimke
Starnberg
Deutschland

ISBN 978-3-658-06073-2   ISBN 978-3-658-06074-9 (eBook)
DOI 10.1007/978-3-658-06074-9

Die Deutsche Nationalbibliothek verzeichnet diese Publikation in der Deutschen Nationalbibliografie; detaillierte
bibliografische Daten sind im Internet über http://dnb.d-nb.de abrufbar.

Springer Gabler
© Springer Fachmedien Wiesbaden 2015

Lektorat: Manuela Eckstein

Gedruckt auf säurefreiem und chlorfrei gebleichtem Papier

Springer Gabler ist eine Marke von Springer DE. Springer DE ist Teil der Fachverlagsgruppe Springer
Science+Business Media
www.springer-gabler.de

Stimmen zum Buch

Große Systemhersteller und IT-Service-Provider besinnen sich auf Kernkompetenzen und Ihre Stärken. Die Effizienz der Organisation im Umgang mit dem lösungssuchenden Kunden steht im Vordergrund. In diesem Sinne werden Partnerschaften einen noch breiteren Raum einnehmen als bisher. Dieses Buch ist zukunftsweisend, weil es das Bewusstsein schärft, wie effizient Partnermanagement sein kann und wie vielfältig die Komplexität dieser Aufgabe ist. Dabei die richtigen Tools zu beherrschen ist unabdingbar.

Aman Kahn
Managing Director Europe – Data Center & Cloud Business
NextiraOne Europe

Nur wer sein Business stringent plant und die Ziele sehr genau kennt, kann diese adäquat kommunizieren, den eigenen Teams sowie dem Partner das nötige „commitment" zur Umsetzung der Ziele abverlangen und somit eine bestmögliche Verfolgung der Ziele sicherstellen. Dem Autor ist es gelungen, den komplexen Partnermanagement-Prozess nicht nur abzubilden, sondern auch das notwendige, regelmäßige „performance tracking" entsprechenden Raum zu geben: Wo steht man im Vergleich zum Ziel? Muss der Plan abgeändert werden? Muss das Ziel möglicherweise veränderten Marktverhältnissen angepasst werden etc.

Stefan Dalheimer
Director EMEA Distribution Business Development
Lenovo GmbH

Die Durchdringung eines so komplexen Themas wie dem Partnermanagement ist dem Autor sowohl in Bezug auf die Struktur und als auch die Praxisumsetzung sehr gut gelungen. Die anschaulichen Beispiele und die vorgestellten Werkzeuge ermöglichen gezielte Analysemöglichkeiten zur Bewertung einer Partnerschaft und zur Steuerung des gesamten Partnermanagements.

Prof. Dr. Barbara Schott
Managementberaterin & Coach
Managementberatung Prof. Dr. Barbara Schott & Associates

Genau wie in „Erfolgreicher Lösungsvertrieb" ist auch diese Veröffentlichung des Autors ein Buch, das aus der Praxis kommt. Damit arbeiten heißt, schlichtweg nicht auf das falsche Pferd respektive Partner zu setzen und sich nicht im Alltagsgeschäft zu verzetteln. Die zahlreichen Beispiele machen es zudem einfach, die hier vorgestellten Instrumente richtig anzuwenden. Die Arbeit mit den Werkzeugen und Checklisten macht Spaß.

Manfred Faber
Geschäftsführer
HR Consultants GmbH

Insbesondere in komplexen und zugleich unternehmenskritischen Anwendungsbereichen kommen Unternehmen immer wieder in die Situation, mit mehr als einem IT-Provider an einer Lösung zusammenarbeiten zu müssen. Wenn die Provider bereits partnerschaftliche Beziehungen aus anderen gemeinsamen Kundenprojekten vorweisen können, zeigt sich dies insbesondere bei der Projektdauer und der Umsetzungsqualität. Ein Buch, das ich zur Lektüre empfehlen kann.

Dr. Matthias Meyer-Pundsack
Director IT & Organization
Medion AG

Kunden mit sehr großen Kundenprojekten sind geradezu darauf angewiesen, dass das Partnermanagement seinen Job gut macht. Die Reibungsverluste und die Risiken, insbesondere in sehr kritischen IT-Projekten, sind für alle Beteiligten immer sehr hoch und lassen sich vermeiden. Man merkt sofort, ob eine Partnerschaft gelebt wird oder nur projektspezifisch schnell auf die Beine gestellt wurde. Oftmals fehlt es an den elementarsten Binsenweisheiten im Partnermanagement, wenn die Wirklichkeit den jeweiligen Partnermanager einholt. Ich kann nur jedem Partnermanager und Account Manager und seinem jeweiligen Management diese Buch ans Herz legen – einfach lesen und verstehen.

Oliver Aust
C&SI (Consulting & Systems Integration) Global Account Partner
Atos IT Solutions and Services GmbH

Ob das eigene Unternehmen nun einen direkten oder indirekten Channel für den Erfolg im Markt verlangt oder nicht, das Partnermanagement vernetzt das eigene Unternehmen mit anderen Unternehmen und Märkten und erhöht so den Unternehmenswert. In indirekt vertrieblich organisierten Unternehmen ist es einer der primären Aufgaben des Partnermanagements, sich im täglichen und strategischen Tun immer wieder selbst zu überprüfen und effizienter und optimierter aufzustellen. Genau dafür ist dieses Buch eine umfassende, praktische Hilfe.

Adrian Casanova
Client Account Director
salesforce.com Germany GmbH

Inhaltsverzeichnis

Der Autor

Dr. Robert Klimke Diplomkaufmann, studierte Betriebswirtschaftslehre in Bayreuth, Erlangen-Nürnberg, Los Angeles etc. Er arbeitete bereits während seines Studiums in einer Unternehmensberatung mit den Schwerpunkten Change Management, Kommunikation, Führung und Training. In den folgenden Jahren nahm er zahlreiche Führungsaufgaben im Verkauf und Marketing sowohl in nationalen und international tätigen Unternehmen wahr. Er gründete ein IT Software- und Systemhaus und verkaufte das Unternehmen erfolgreich an ein amerikanisches Software-Haus. Neben seiner Tätigkeit als Gesellschafter eines Beratungs- und Software-Unternehmens arbeitet Robert Klimke immer wieder als Trainer, Berater und ehrenamtlicher Coach für ausgewählte Mandanten in den Bereichen Verkauf und operative und strategische Geschäftsentwicklung, und er ist ein gern gesehener Vortragsredner zu den Themen Führung, Verkauf und Kundenservice. Er ist außerdem Buchautor („Die Kunst der Krisen-PR", „Erfolgreicher Lösungsvertrieb") und Autor zahlreicher Fachartikel zu den Themen Prozessmanagement, CRM, Kundenservice und IT-Trends.

Abbildungsverzeichnis

Tabellenverzeichnis

Strategische Elemente des Partnermanagements

Partnermanagement ist eine Aufgabe im Unternehmen, die vielfältige Beziehungen zu den restlichen Unternehmensbereichen unterhält.

Die in Abb. 1 dargestellten Felder beschreiben diese zahlreichen Interaktionen aus gesamtunternehmerischer Sicht. Dieses Buch beleuchtet daher unternehmerische Fragen in Bezug auf das Partnermanagement im Umfeld beratungsintensiver Produkte und Dienstleistungen mit folgendem Augenmerk:

Marktposition

Die Nutzung von Vertriebspartnern unterliegt der Kernfrage nach den Zielkunden, den Kundenbedürfnissen, der Auswahl der Vertriebszugänge und der Ausgangslage der Unternehmung.

* Welche Position hat die Unternehmung heute?
* Welche Marktmacht übt es heute aus?
* Gibt es schon direkte und indirekte Vertriebe in der Firma?
* Aus welcher Position soll sich das Partnermanagement weiterentwickeln?
* Oder handelt es sich bei meinem Unternehmen um ein Startup-Unternehmen und ich bin der „Greenfielder"?

Von Dr. Christian Kühl, Partner, Gleue Associates Management Consulting

© Springer Fachmedien Wiesbaden 2015
R. Klimke, *Professionelles Partnermanagement im Lösungsvertrieb,*
DOI 10.1007/978-3-658-06074-9_1

Abb. 1 Strategische Elemente des Partnermanagements

Wettbewerb

Ähnliche Fragen sind in Richtung der Wettbewerber des Unternehmens zu stellen, da diese wesentlich für die Handlungsalternativen und Vorgehensweise sind.

* Wie viele Wettbewerber habe ich, die über eine echte und wahrnehmbare Distributionspolitik verfügen?
* Über welche direkten und indirekten Vertriebskanäle vertreibt der Wettbewerb seine Produkte an welche Zielkunden ?
* Wie ist das Partnermanagement der eigenen Firma im Vergleich zum Wettbewerb aufgestellt?

Unternehmensgröße

Die Größe des eigenen Unternehmens spielt eine wichtige Rolle in der Beurteilung der Bedeutung des Partnermanagements. Mit genügend Finanzkraft im Hintergrund sind die Vertriebsziele über alternative Vertriebskanäle leichter zu verfolgen, als wenn eine schnelle Marktdurchdringung allein über das Partnermanagement erreicht werden soll, wenn etwa das Kapital für den Aufbau eines direkten Vertriebskanals fehlt. Dazugehörige Fragen sind etwa:

* Ist das Unternehmen bereit, wirkliches „Ressourcen-Investment" in ein gelebtes Partnerschaftsmodell, inklusiver zahlreicher Partner und Produktentwicklungen, zu tätigen?
* Verschreckt unsere Größe unsere Partner?

Kundensegmente

In vielen Fällen sind die direkten Vertriebskanäle eines Unternehmens auf Großkunden und so genannte Key Accounts ausgerichtet, während die Partnervertriebe sich um mittlere und kleinere Kundensegmente kümmern. Es gibt jedoch auch andere Kriterien, die für den Partnervertrieb und einen besseren Kundenzugang sprechen können. Diese

Strukturen zu kennen ist insofern wichtig, um Kanalkonflikte bereits im Vorhinein zu antizipieren.

Diese können beispielsweise sein:

- Regionaler Marktzugang (Inland versus Ausland; Stadt versus Land; Kaufhauskette versus Einzelhandel)
- Kaufgewohnheiten (Telekommunikationsleistungen werden vom Carrier bezogen, aber nicht der Managed Service für komplexe Geschäftsanwendungen)
- Kauffrequenz (die Kauffrequenz für ein zusammen mit dem Partner vermarktetes Produkt kann ungleich langsamer sein, als es die bisher im direkten Vertrieb vermarkteten Produkte sind)
- Auftragsvolumen (bestimmte Volumina übersteigen das reine Partnergeschäft, insofern ist bei bestimmten, großvolumigen Aufträgen eher über Joint Ventures nachzudenken).

Produktportfolio

Ein Großteil der Unternehmen startet mit dem Direktvertrieb und entscheidet sich zu einem späteren Zeitpunkt, auch indirekte Vertriebskanäle zu nutzen. Doch oft werden nur begrenzte Teile des Produktportfolios für die Partner „freigegeben". Es ist durch den Partnermanager auch zu prüfen, ob die Produkte dann wirklich „noch" den Bedürfnissen der Kunden im Partner-Zielsegment entsprechen. Oft werden die Produkte für die Ziel-kunden der Direktvertriebe entwickelt und entsprechen nicht der Partnerkundengröße oder sie liegen manchmal nicht in der landesspezifischen Form eines regionalen Partners vor. Als Partnermanager können Sie so genau die Bedeutung Ihres Vertriebskanals feststellen; denn wenn lokale Versionen nicht zur Verfügung stehen, kann dies bereits ein negatives Indiz für das Commitment im eigenen Haus für den Partner-Channel sein.

Die „Partnerfähigkeit" des Produktportfolios hängt auch sehr von der Erklärungsbedürf-tigkeit des Produktes ab.

- Spricht das Produkt für sich oder ist der Vertrieb des Partners erst nach intensivem Training in der Lage, das Produkt zu vermarkten? Wie verhält es sich bei Service und Support?
- Welche Rolle könnte das Produkt im Gesamtportfolio des Partners spielen?
- Wie wird das Produkt zum Partnerkunden transportiert?
- Wie sieht es mit der Lagerfähigkeit des Produktes aus?
- Wie werden kundenspezifische Anpassungswünsche des Partners berücksichtigt?

Vertragliche Partnerbindung

Die vertragliche Partnerbindung kann sehr komplex und vielschichtig sein, und als Part-nermanager ist es wichtig zu wissen, welche Partnermodelle im Unternehmen bereits zur Anwendung kommen und welche ggf. dazu kommen könnten.

Die einfachste Form der Partnerschaft kann mit einem gemeinsamen vertrieblichen Auftreten von zwei Unternehmen erreicht werden. Es kommt so wechselseitig zu einem

gemeinschaftlichen Angebot bei den Kundenstämmen der eigenen und des Partnerunternehmens. Jedes Unternehmen verantwortet jedoch seinen Teil und der Kunde hat es
mit zwei Vertragsparteien zu tun. Diese Form kann sogar zwischen den Direktvertrie-
ben von zwei Unternehmen stattfinden. Die typischen indirekten Vertriebsorganisationen
sind jedoch Handelsvertreter, Distributoren, Verkaufsorganisationen, Franchise-Nehmer,
Reseller, Agenten oder Unternehmen mit komplementärem Serviceangebot. Mit den
Vertriebspartnern werden Verträge geschlossen, die im Wesentlichen

* das zu vertreibende Produktportfolio,
* die Schulungsmaßnahmen,
* die Verkaufsförderung,
* die Einkaufspreise,
* die Provisionen und
* weitere Regeln der Zusammenarbeit klären wie die Partnerkategorisierung etc. enthalten.

Dies sind die wesentlichen Strategieelemente im Partnermanagement. Sie zeigen, dass
jeder Partnermanager sich intensiver als jeder Mitarbeiter im Direktvertrieb mit dem von
ihm vertretenen Unternehmen befassen muss, denn die Abhängigkeit des Partnererfolgs
betrifft alle Bereiche im eigenen Unternehmen. Dieses macht auch den Reiz der Aufgabe
des Partnermanagers aus und stellt eine fortwährende Herausforderung dar.

Der Partnermanager ist auf der einen Seite der Botschafter der Unternehmung bei allen
heutigen und zukünftigen Partnern für alle wesentlichen Angelegenheiten und gleichzeitig
der Vertreter der unternehmerischen Interessen der Partner innerhalb des eigenen Unternehmens. Dies kann er nun erfolgreich tun, wenn er sich intensiv mit seinem Unternehmen
auseinandersetzt. Diesen Themen räumt der Autor richtigerweise sehr viel Bedeutung bei.

Sich der Komplexität des Partnermanagements bewusst sein

Es ist immer wieder erstaunlich, wie gerade im IT-Umfeld in Krisenzeiten die Summe an Pressemitteilungen zu gerade gebildeten Partnerschaften förmlich explodiert. Unternehmen hoffen, durch Partnerschaften neue Projekte oder bestehende Kundenbeziehungen des jeweiligen Partners besser für sich selbst auszuschöpfen. Der weitere Sinn von Partnerschaften liegt aber auf der Kostenseite, wenn Akquisitionskosten durch Vertriebspartnerschaften gesenkt oder Entwicklungskosten durch Partner-Substitutionsprodukte reduziert werden können etc. Nur werden dabei selten andere Kosten bedacht, etwa wenn zwar Vertriebskosten gesenkt werden, sich Produktionskosten durch „White-Labeling" erhöhen und Dokumentationsaufwände oder Supportkosten in die Höhe schnellen, sonstige Overhead-Kosten ebenfalls steigen, wie z. B. Kosten, die auf veränderten, auf die Bedürfnisse des Partners angepassten Rechnungsprozessen beruhen.

Oftmals werden in der Praxis allerdings Partnerschaften nur aus den offensichtlichen Gründen wie Umsatzsteigerung, Kostensenkung gesucht, ohne den „auserwählten" Partner vorher genau analysiert zu haben, ohne vorher geprüft zu haben, ob der „offensichtlich" am besten Geeignete nicht doch eher eine lahme Ente ist und ob nicht doch eine effizienterer Partner in einer der Randmärkte zu suchen ist. In diesem Buch geht es um das Erkennen von Marktstrukturen und Entwicklungen und deren Potenzialen in Kern- und Randmärkten, darum, wie man die richtigen Partner identifiziert und auswählt und wie man solche Partnerschaften durch ein effizientes Partnermanagement zum Erfolg bringt.

Beginnen Sie eine Partnerschaft nie, wenn Sie oder Ihr Unternehmen es nicht nötig haben. Nötig haben es Unternehmen, wenn Umsätze gesteigert werden sollen, und zwar in Märkten und Marktnischen, die man selbst nicht adressieren kann, wenn Kosten gesenkt werden sollen, aber auch um Partner einfach „zu besetzen", bevor es der Wettbewerber tut. Der Partner ist der falsche, wenn er keine Commitments eingeht. Er ist abzulehnen, wenn er nicht bereit ist, Mitarbeiter auszubilden. Er ist ungeeignet, wenn er nicht bereit ist, Marketingaktivitäten gemeinsam zu gestalten und auch umzusetzen. Er ist fehl am Platz, wenn er

© Springer Fachmedien Wiesbaden 2015
R. Klimke, *Professionelles Partnermanagement im Lösungsvertrieb*,
DOI 10.1007/978-3-658-06074-9_2

zu langsam reagiert, etwa wenn es gilt, Entwicklungsressourcen beizustellen, um beispiels-weise eine gemeinsame Schnittstelle zu entwickeln. In diesem Buch geht es auch darum, möglichst früh in der Rekrutierungsphase solche für uns „schlechten" Partner zu erkennen.

Er ist der richtige Partner, wenn er Ihre Anregungen zu einer professionellen Zusammen-arbeit aufnimmt und umsetzt. Er ist die richtige Wahl, wenn er von sich aus gemeinsame Aktivitäten im Vertrieb und Marketing und in der Produkttechnik vorschlägt. Er ist besser geeignet, wenn sein Topmanagement sich ebenfalls engagiert und Verantwortung über-nimmt. Eine Partnerschaft mit einem solchen Partner ist zu begrüßen, wenn beide Partner von Anfang an ihre Gründe für die Partnerschaft langfristig offenlegen, insbesondere auch dann, wenn die Gründe unterschiedlich sind. In diesem Buch werden die Methoden aufge-zeigt, wie man als Partnermanager diese Informationen erhält und zusätzlich absichert und wie man Partnerschaften von Beginn aufbaut und erfolgreich macht.

Typischerweise unterscheidet man im Partnermanagement-Prozess zwischen drei Phasen:

Die Markt- und Partnerpotenzial- Phase

Hierbei ist es für den weiterführenden Erfolg unabdingbar, dass wirkliche Vertriebspoten-ziale vorhanden sind. Beginnt man zunächst mit dem Aushandeln und Unterschreiben des Partnerschaftsvertrags, ohne über erste parallel stattfindende Projekte zu sprechen, dann kann es passieren, dass mit der Unterschrift der Zeitpunkt des Erwachens kommt, weil überhaupt keine Projekte vorhanden sind. Solche Partnerschaften „dümpeln" vor sich hin. Die Partner reiben sich aneinander, verschwenden Ressourcen, und kein Fisch geht ins Netz. Und trotzdem, auch ein solcher „Partner" kann durchaus Sinn machen, wenn es gilt, diesen Partner für Wettbewerber zu blockieren. Mit solchen Formen von blockierenden Partnerschaften beschäftigt sich das Buch allerdings nicht. Blockierende Partnerschaften können unabhängig von der jeweiligen Unternehmensgröße angestrebt werden. Sich selbst in dieser Rolle zu sehen und der „blockende Partner" zu sein, ist übel. Diese Rolle kann man nur rechtzeitig identifizieren, wenn man intensiv sich mit den Themen Partnerstabilitäts-und -beziehungstest beschäftigt, wie sie auch in diesem Buch ausführlich beschrieben sind.

Es ist in der ersten Phase des Partnerprozesses unerlässlich, im ersten Gespräch mit einem potenziellen Partner über Vertriebsprojekte und -potenziale zu sprechen. An die Stelle der parallel stattfindenden Vertragsverhandlung samt der theoretischen Festlegung der Prozesse etc. wird an einem realen Projekt der komplette Verkaufszyklus bereits einmal durchge-spielt. Die gemeinsame Entdeckungsreise erschließt beiden Unternehmen die Prozess- und Kommunikationswelt des jeweils anderen Partners. Die gemeinsame Wertschöpfungskette wird deutlich und die Ablaufprozesse feiner definiert. Die Erkenntnisse dieser „gemein-samen Go-to-Market Strategie" am realen Projekt führen zu wichtigen Hinweisen auf das zukünftige „Leben" dieser Partnerschaft, zum Beispiel was die „Value Proposition", die Preise, das gemeinsame Marketing, die Ablaufprozesse, Vertragswerk etc. angeht.

In dieser Phase werden die Grundlagen für den unmittelbaren Umsatz und RoI der Partnerschaft geschaffen. Ein erfolgreiches gemeinsames Projekt, quasi unter Vorbehalt, hat Signalcharakter. Gerade wenn das Partnergeschäft aufgebaut werden soll und das Executive Management diese Entwicklung genau beobachtet, sind die ersten Erfolge so wichtig. Frühe Erfolge können die Anfangsarbeiten und Ressourcenallokationen rund um eine neue Partnerschaft sehr stark beschleunigen.

In dieser Phase wird auch deutlich, inwieweit nicht nur mögliche Projekte und Verkaufsmöglichkeiten existieren, sondern auch welche Einzigartigkeit diese Partnerschaft besitzen kann. Dabei sind es nicht „Key Differentiators", die amerikanische Softwarehäuser gern propagieren, wie „Market Leader in Mission-Critical Business Communications" oder „Complete End-To-End-Solution with Best of Breed Products", sondern es werden Differenzierungsfaktoren von den ersten gemeinsamen Kunden, quasi frei Haus, geliefert, Faktoren, auf die Sie selbst vielleicht nie gekommen wären.

Dabei geht es in dieser Phase, um die Überprüfung und Diskussion zu den Themen

- Definition eines Partners,
- Definition der Auswahlkriterien für den „richtigen" Partner,
- Grob- und Feinselektion von Partnern,
- Branchen- und Marktanalysen, Randmärkte und Marktentwicklungen,
- Beziehungsmanagement,
- Cultural Fit,
- Management Commitment,
- Beratungs- und Integrations-Know-how,
- Produktportfolio-Check,
- Produkt-„Bundles",
- etc.

Die Entwicklungs- und Integrationsphase

Eine klare, gemeinsame Partnerschaftsdifferenzierung mit Bezug auf die definierte Partnerschaftsvision und -strategie wird erarbeitet. In dieser Phase geht es auch um die vertiefte technische Machbarkeit der Partnerschaft. Notwendigerweise werden in einem technischen Strategiepapier die Schnittstellen und Entwicklungsschritte gemeinsam festgelegt, wie die Entwicklungs- und Integrationsleistung im technischen Support gewahrt werden sollen usw. So bleiben auch Weiterentwicklungen dokumentiert und nachvollziehbar.

Der Partnermanager fasst seine bisherigen Ergebnisse, Erkenntnisse, mögliche Geschäftspotenziale, Kundenkontakte usw. in Form einer „Partner Program Application Form" zusammen und stellt sie einem internen „Partner-Gremium" vor. Nicht zuletzt sollte es der Partner selbst sein, der mit dem Partnermanager zusammen dieses Formblatt ausfüllt. Wie hoch das tatsächliche Interesse an einer Partnerschaft ist, lässt sich daraus ableiten, wer aus der Partnerorganisation mit welchem Detaillierungsgrad dieses Formblatt ausfüllt. Danach

werden die Informationen im Gremium diskutiert, in die Partner-Datenbank aufgenommen und täglich überprüft, inwiefern andere Partner oder solche mit höherem Potenzial
ähnliche Marktsegmente bedienen. Danach gehen die Information und die Besonderheiten
des Vertrags der Rechts- und Finanzabteilung, dem Marketing etc. zu. Der Partner wird
auf der Homepage mit Logo und einer kurzen Beschreibung und einer Kontaktperson aufgenommen. Eine Pressemitteilung wird veröffentlicht. Das eigene Trademark und Logo
wird auf der Homepage des Partners aufgenommen. Der Partner erhält vollen Zugang zur
Partner-Website und kann Produktinformationen, ggf. Updates usw. herunterladen. Der
Partnermanager organisiert das Coaching-Modell für das erste und zweite Projekt, erarbeitet gemeinsam mit dem Partner den Trainingskalender für den Vertrieb und den Service und
Support des Partners. Ggf. organisiert er zudem die Zertifizierung von Partnerprodukten.

In dieser Phase geht es um die Themen

- Ansprechpartner und Kontakt- und soziales Netzwerkmanagement.
- gemeinsame Markt- und Branchenbewertung.
- gemeinsame strategische Initiativen und Aktivitäten,
- Partnerschaftsorganisation,
- Kommunikation und „Rules-of-Engagement",
- Auswirkung auf die Wertschöpfung,
- Partnerbewertung und Risiken,
- Partnervertragsmanagement, Preis- und Discount-Modelle,
- „Erstes und zweites Projekt" – Best Practices,
- Gemeinsamer Marketingplan – Pipeline & Forecast (Volumen, Kriterien etc.),
- etc.

Die „Rollout- und Managementphase der Partnerschaft"

Es werden dabei alle Arbeitsschritte zusammengefasst, die in unmittelbarem Zusammenhang zur Weiterführung der Partnerschaft stehen. Man verkauft und agiert gemeinsam mit
dem Partner. Man sichert den Know-how-Transfer zu seinem Partner mit dem Ziel, dass er
unabhängiger wird. Dieser Transfer wird im Rahmen von On-the-Job-Coaching-Modellen
und Trainingskonzepten organisiert und fortwährend sichergestellt.

Der Partnermanager entwirft die Meilensteine, so dass nach der „branchenüblichen" Zeit
die Partnerschaft einen Reifegrad erreicht haben soll und die Beziehung in den operativen
Modus überwechselt, gemäß den vorabdefinierten Ablaufprozessen.

Dabei geht es in dieser Phase, um die Themen

- Partnerschaftsplan,
- Partnerschaft-Stabilität,
- Partnerschaft-Beziehungen,
- Selbst-Analyse,
- etc.

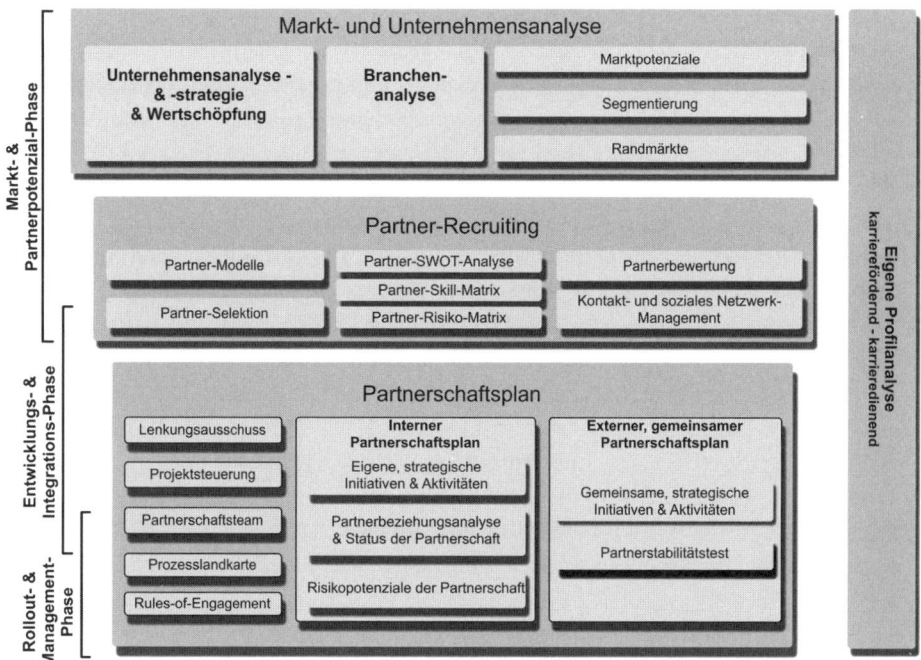

Abb. 2 Partnermanagement und sein Kontext

Dieses Buch konzentriert sich auf das Partnergeschäft in Bezug auf komplexe Lösungen, sei es in Bezug auf Technologien oder Dienstleistungen. Das Partnermanagement kann einen außerordentlichen Beitrag zum Unternehmenserfolg leisten, wenn es effizient gemanagt wird. Um diese Effizienz im Partnermanagement zu erzielen, sind zahlreiche Werkzeuge in diesem Buch aufgeführt, die es sowohl dem einzelnen Partnermanager und dem Partnermanagement erlauben, nicht nur die lang- und mittelfristigen Ziele zu erreichen, sondern auch die tägliche Arbeit zu erleichtern und zu bewerten.

Alle 35 Erfolgsschritte orientieren sich an den in Abb. 2 dargestellten Modulen und an der folgenden Herangehensweise:

* **Kenne Dein Unternehmen und Deine Aufgabe!**
  Im Einzelnen zählt dazu, den richtigen Blick auf die eigene Unternehmensstruktur und -wertschöpfung, den Kernmarkt, die Randmärkte zu gewinnen, um überhaupt die Frage beantworten zu können, wer als Partner überhaupt in Frage kommen würde.
* **Gestalte den Partner-Recruiting-Prozess möglichst stringent und strukturiert, aber immer pragmatisch!**
  In diesem Themenbereich werden sukzessive die Modelle vorgestellt, wie man am effizientesten den richtigen Partner findet – im Einzelnen sind dies Partnerselektion, die Bewertung von Chancen und Risiken, Fähigkeitsanalyse der Partner etc.

- **Manage Deine Partner effizient!**
  Es ist ungemein aufwändig, die zahlreichen Aufgaben echten Partnermanagements nicht aus den Augen zu verlieren, was nicht zuletzt an den zahlreichen Interdependenzen zwischen Partnerunternehmen und eigenem Unternehmen auf Bereichs- und Abteilungsebene liegt. Deshalb werden hier ablauf- und aufbauorganisatorische Aspekte beschrieben, die sich in der Praxis als sehr nützlich erwiesen haben, wie z. B. Partnerschaftsplan – intern und extern, Partnerschaftsstabilitätstest, Partnerbeziehungstest etc.
- **Manage Dich selbst als Partnermanager im Hinblick auf die tägliche Arbeit und Deine Karriere!**
  Im Buch erscheinen immer wieder an zahlreichen Stellen Hinweise darauf, ob man dieses oder jenes Tool oder besser dessen Ergebnis nur für sich als Partnermanager selbst nutzen oder mit dem eigenen Management teilen sollte. Der Grund liegt einfach in der totalen Transparenz der Arbeit und damit auch der Offenlegung der persönlichen Stärken und Schwächen. Das Zusammenspiel aller Aktivitäten, die mit der Aufgabe des Partnermanagers einhergehen, zeigt sich in der Profilanalyse, insbesondere vor dem Hintergrund, inwieweit die bisherigen Aufgaben eher eine Innen- oder Außenwirkung hatten und eher karrierefördernd oder -stabilisierend wirkten.

Die zahlreichen, einfach zu handhabenden Checklisten, Analyse-Werkzeuge aus der täglichen Praxis, sollen dazu beitragen, die Arbeit des Partnermanagers effizient und erfolgreich zu gestalten und dem Partnermanagement dem gebührenden Platz im Lösungsgeschäft einzuräumen, den es unweigerlich bald in jedem Unternehmen einnehmen muss.

Fazit & Erkenntnis

Partnermanagement ist mehr als die Betreuung eines oder mehrerer Partner zum Zwecke der Umsatzsteigerung durch Partner. Partnermanagement ist ein intensiver, eng mit anderen Unternehmensbereichen verzahnter, einer ständigen Optimierung unterliegender Prozess. Eine andere Sichtweise auf die Aufgabe des Partnermanagements – etwa als Anhängsel im direkten Verkauf – funktioniert nicht.

Partnermanagement kann zu mehr Umsatz führen, kann Rand- und Zukunftsmärkte heute schon besetzt halten, bis das Unternehmen sich dorthin entwickelt hat, um so schneller erfolgreich zu sein. Daher beginnt die Aufgabe des Partnermanagements immer mit der Markt- und Partnerpotenzial- Phase, gefolgt von der Entwicklungs- und Integrations- und letztlich der Rollout- und Managementphase der Partnerschaft.

Partnermanagement ist nur erfolgreich, wenn die Partnerschaft nicht auf dem Papier steht, sondern gelebt wird, was, um sie erfolgreich zu gestalten, auch manchmal unangenehme Selbstreflexion über sich als Partnermanager und das eigene Unternehmen mit sich bringt.

Den richtigen Partner finden, bedeutet sein eigenes Geschäft kennen!

Schritt 1: Seinen Markt wirklich kennen

Viele Unternehmen sind sich der Bandbreite der Wettbewerber gar nicht bewusst, denn sie kennen ihre eigene Wertschöpfung, ihre Kunden zu wenig. Es wird zu sehr auf die „bekannten" Wettbewerber geschaut, sprich die Wettbewerber, die einen deutlichen Fokus auf das gleiche Kundensegment und deren konkrete Bedürfnisse legen. Diese Wettbewerber sind die maßgeblichen Treiber der Rivalität in der Branche. Zumeist bestimmen sie die Eintritts- und Austrittsbarrieren. Es gibt kaum eine Branche, die vor Brancheneindringlingen und Substitution gefeit ist: die Rohstoffförderungsindustrie durch die Chemieindustrie, die Contact-Center-Technologie durch Netzanbieter, die Versicherungen durch die Banken etc. So war Google jahrelang für viele Softwareanwendungshersteller lediglich eine gute, browserbasierte Suchmaschine. Heute verfügt Google über viele private und geschäftliche Anwendungen, die es den bisherigen Software-Anbietern schwer machen, Schritt zu halten, zumal sie ja noch die „Altsysteme" pflegen müssen.

Diese „Branchenexternen" stellen je nachdem eine fortwährend mäßige bis mittelgroße Gefahr dar und sind für das Partnermanagement ein großes Risiko und Potenzial zugleich, und zwar immer dann, wenn diese „Branchenexternen" die eigenen Vertriebskanäle durch Partnerschaften mit dem Brancheninternen „aufmachen". So gibt es heute kaum noch eine Versicherung, die nicht ihre Leistungen direkt mit dem Kauf oder dem Leasing eines Fahrzeugs verknüpft, wobei der Autoverkäufer ein verlängerter Vertriebsarm der Versicherungen ist. Zahlreiche Versicherungsprodukte bezieht man von seiner Hausbank und nicht mehr direkt von seiner Versicherung.

Der Partnermanager muss deshalb das Umfeld besser kennen, als es der direkte Vertrieb kennen muss. Er ist derjenige, der die Gefahr und Möglichkeiten der „Branchenexternen" einschätzen und der die Lieferanten- und Käufermacht jeweils als Chance und Risiko für seine „Partnerentwicklungsstrategie" wahrnehmen muss.

© Springer Fachmedien Wiesbaden 2015
R. Klimke, *Professionelles Partnermanagement im Lösungsvertrieb*,
DOI 10.1007/978-3-658-06074-9_3

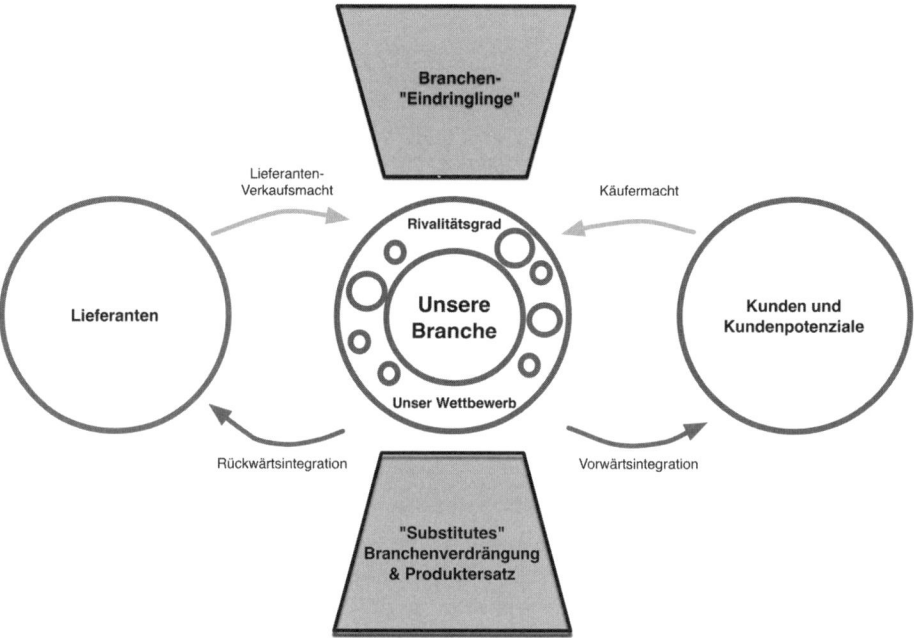

Abb. 3 Branchenanalyse

Um die obige, auf Michaela E. Porter beruhende Branchenanalyse[1] herunterzubrechen (vgl. Abb. 3), sind zunächst folgende Fragen zu stellen und die Antworten in den weiter unten aufgeführten Chart einzuordnen.

Die Kreise bezeichnen dabei den jeweiligen Status des Unternehmens, die Größe des Kreises, den Marktanteil in der Branche und der innere Kreis den branchenbezogenen Umsatzanteil am Gesamtumsatz des jeweiligen Unternehmens (vgl. Abb. 4).

Ein paar Beispiele finden Sie in den Abb. 5 und 6.

Die Pfeile sollen die aktuelle Richtung und Entwicklung des jeweiligen Unternehmens bezeichnen.

Abb. 4 Umsatz in der Branche
(Marktanteil) versus
Gesamtumsatz des
Unternehmens

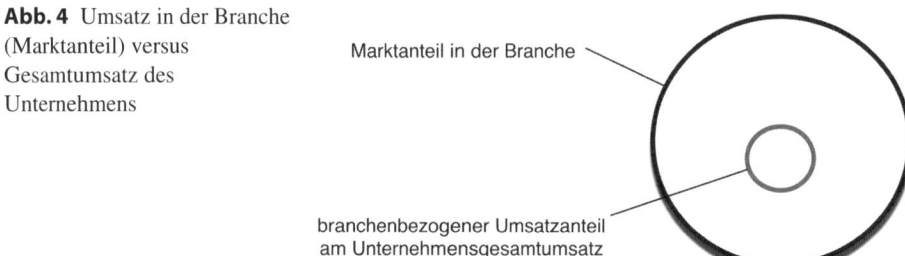

---

[1] Siehe Michael E. Porter: Competive Advantage 1980, S. 6

Abb. 5 Ein Unternehmen, das sich komplett und fast ausschließlich auf die Branche konzentriert und dort einen hohen Marktanteil besitzt

Abb. 6 Ein Unternehmen mit einem kleineren Marktanteil in der Branche als im obigen Bild, das aber einen deutlichen höheren Gesamtumsatz macht

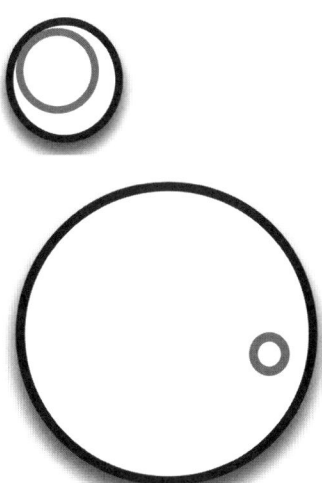

Übertragen auf den IT-CRM-Markt ergibt sich hier in etwa das in Abb. 7 dargestellte Bild.

Zu Beginn der CRM-Anwendungshypes gab es Wettbewerber wie etwa Microsoft, Siebel etc. Diese Unternehmen haben zwar die Integrationen in die Back-End-Systeme versprochen, aber Easy-to-Use-Funktionalitäten, echte und einfache Integrationen, insbesondere einfache Integrationen in die Logistik und online-Shop-Systeme, wurden regelrecht verschlafen. Neue Marktentwicklungen beispielsweise über Cloud-Anbieter etc. veränderten zudem das Lizensierungs- und Supportgeschäft massiv.

Um für die eigene Branche eine solche Analyse zu erstellen, sind Veröffentlichungen der unmittelbaren Wettbewerber und von zwei bis drei Lieferanten und zwei bis drei Kunden auf folgenden Fragen hin zu prüfen:

- Welchen Anteil besitzt der branchenbezogene Umsatz am Gesamtumsatz des möglichen Partnerunternehmens?
  Diese Frage zielt darauf ab, inwieweit diese Branche „wirkliche" Relevanz für das Unternehmen besitzt oder lediglich ein schmückendes Beiwerk ist, für ein oder zwei Kunden auch „mal so" mit angeboten wird oder eben einen strategischen Fokus darstellt.
- Welchen Marktanteil hat das Unternehmen innerhalb der Branche?
  Es ist immer wieder erstaunlich, wie der Marktanteil angegeben wird. In den meisten Fällen handelt es sich um eine reine persönliche Wahrnehmung der Marktteilnehmer, denn nicht selten ist „ein Markt" oder „eine Branche" nicht genau abzugrenzen, so dass man eben nicht weiß, für wie viel Umsatz die gesamte Branche wirklich steht. Nicht selten wird der Marktanteil aus dem Umsatz abgeleitet oder aus der aktuellen Marketing-Präsenz des Unternehmens. Einem Unternehmen, das regelmäßige Marketingaktionen fährt, wird im Allgemeinen ein höherer Marktanteil zu gebilligt, obgleich der Marktanteil eher gering ist. Insofern sollte man bei der Beantwortung der Frage nach dem Marktanteil

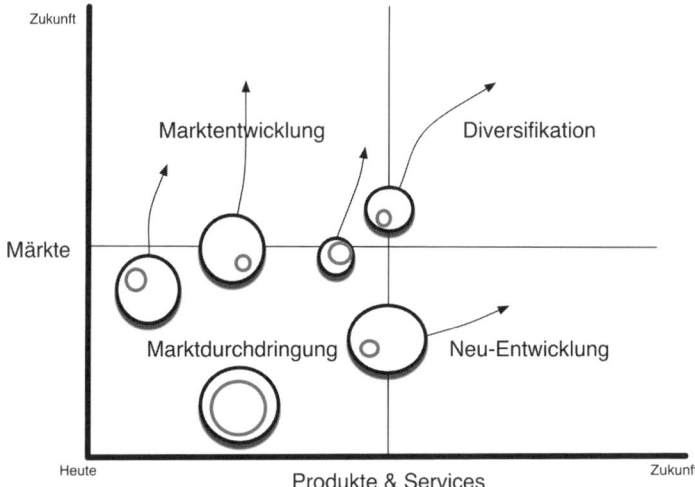

Abb. 7 Beispiel CRM-Anbieter – strategische Ausrichtung – Marktanteile und branchenbezogener Umsatz

Vorsicht walten lassen. Die verlässlichsten Aussagen darüber bekommt man schlicht und einfach, wenn man die Unternehmen auf den diversen Branchentreffs fragt und so ein gesundes Mittel erhält.

- Wie hoch ist der Gesamtumsatz?
  Hier bieten sich der Bundesanzeiger, Abschlüsse, Bilanzen etc. als Quellen an.
- Welche Aussagen wurden von Mitgliedern der Geschäftsleitung zur allgemeinen Marktentwicklung gemacht?
  Dabei ist darauf zu achten, dass gerade international tätige Unternehmen den Freiheitsgrad der lokalen Geschäftsführung in vielen Dingen beschneiden. Insofern sind Äußerungen lokaler Geschäftsführer von ausländischen Konzernen mit Vorsicht zu bewerten. Wie sich das gesamte Unternehmen international aufstellen wird, ist zumeist nur über die Veröffentlichungen des internationalen Managements zu beantworten.
- Auf welche Entwicklung achtet das Unternehmen besonders?
  Hier geben Interviews in den verschiedenen Internetforen und Fachmagazinen einen guten Überblick. Aber auch hier sollten die Aussagen vom Top-Management stammen.
- Welche Akquisitionen oder Ausgliederungen wurden von dem Unternehmen in den letzten zwei Jahren vorgenommen?
  Diese Fragen zeigen nochmals deutlich, wo der Schwerpunkt des Unternehmens liegt und wo ggf. eingespart wird und welche Bedeutung man der Branche zubilligt.

Grundsätzlich ist zu empfehlen, dass man die Wettbewerber der eigenen Branche, wie im obigen Beispiel aufgeführt, in einem Chart wie in Abb. 8 abbildet. Es verschafft einen schnellen und guten Überblick und zusätzlicher Prosa-Text ist nicht nötig.

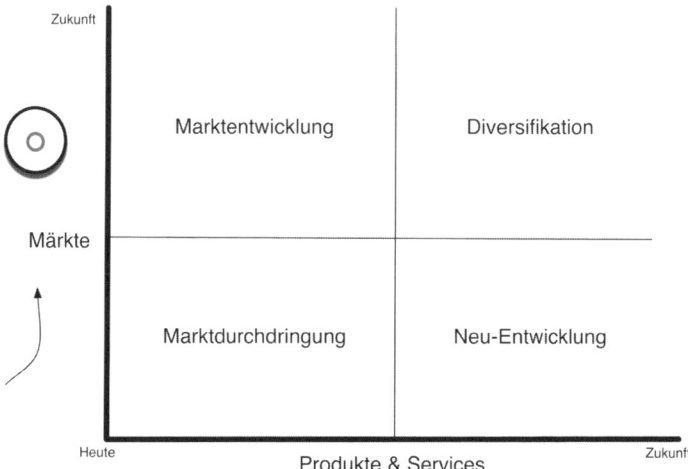

Abb. 8 Analyse: Einfache Übersicht über den eigenen Markt und seiner Teilnehmer

Es geht bei der Beantwortung dieser Fragen nicht um eine akademische Arbeit, sondern lediglich darum, Indikationen für sich zu gewinnen. Deshalb reichen sekundäre Quellen aus, wie etwa Fachzeitschriften, Vorworte von Messeeinladungen, Informationen im Bundesanzeiger, Unternehmenspressemitteilungen und sonstige Veröffentlichungen wie etwa Abschlüsse und Bilanzen.

Fazit & Erkenntnis

Den eigenen Markt kennen bedeutet ihn aus einer anderen Sichtweise zu betrachten. Sind die Marktführer wirklich noch die Marktführer oder sind sie es nur, weil alle das sagen? Entspricht die Marktentwicklung der Entwicklung der meisten Unternehmen? Teilen die Marktteilnehmer diese Entwicklungen? Fragen, die einfach zu beantworten sind und die Hinweise liefern über die Bedeutung von Randmärkten, branchennahen Märkten, branchenfremden Substitutionen für den eigenen Markt etc. Diese bieten eben auch Chancen, die eigenen, oftmals selbstgesteckten Grenzen des Marktes neu zu definieren und über die Initiierung von Partnerschaften neue Potenziale zu erschließen.

Schritt 2: Sein Unternehmen wirklich kennen

Wenn bisher die einfache Branchenanalyse ein grobes Bild von der eigenen Unternehmensumgebung geschaffen hat, dann gilt es im nächsten Schritt das eigene Unternehmen zu beleuchten.

Abb. 9 Wertschöpfungskette

Dieser Schritt hat enorme Wichtigkeit in Bezug auf die eigenen Aufgaben und die Errei-chung der eigenen und der vorgegebenen Ziele im Partnermanagement und auf die Fragen „Passen wir wirklich zusammen? oder „Passen wir nur zusammen, weil mein aktueller Vor-stand im Partnerunternehmen mal tätig war?" Für Vertriebspartnerschaften ist dies einfach zu beantworten: Das Partnermanagement ist Teil der Distributionspolitik eines Unterneh-mens und soll in seiner Funktion als indirekter Vertriebskanal zum bestmöglichen Ertrag beitragen. Allein auf Grund dieser Definition scheiden viele Partnerkandidaten aus, weil sie ggf. den Umsatz erhöhen, aber die Kosten überproportional in die Höhe treiben.

Die Tätigkeit als Partnermanager wird wesentlich erleichtert, wenn es im eigenen Haus eine schriftlich niedergelegte Unternehmensstrategie für das Thema Partnermanagement gibt. Dies ist aber seltenst der Fall und allenfalls im Partnermanagement selbst sind ggf. Strategien definiert, die dann aber kein Pendant in der Unternehmensstrategie haben. Für die Durchführung seiner Tätigkeit als Partnermanager ist es angesichts einer solchen „partner-strategiefreien Zone" fast unmöglich, seine Tätigkeit im Rahmen des unternehmerischen Entscheidungsprozesses des Unternehmens adäquat einzuordnen, insbesondere wenn es darum geht, Ressourcen zu allokieren.

In einer solchen Situation müssen Sie als Partnermanager entweder die Partnermanager-Aufgabe ablehnen oder aber sich auf sehr viel Arbeit freuen und im ersten Schritt sich einen eigenen Reim machen, sprich überlegen, welche Partnerstrategie aus der Unternehmens-strategie abgeleitet werden könnte. Dazu ist es nötig, dass der Partnermanager Folgendes weiß:

* Welche Unternehmensziele sollen erreicht werden?
* Wie sehen die Pläne für die einzelnen Elemente (primäre und sekundärer Wertaktivitäten bzw. -bereiche und -abteilungen) aus?
* Welche Organisationsstrukturen und -prozesse stehen für die Umsetzung zur Verfügung?
* Was wird/könnte von mir als Partnermanager in diesem Kontext erwartet/werden? (Abb. 9)

Der Partner muss schlichtweg über die allgemeine Wertschöpfung (siehe obige Abbildung) die eigene Unternehmenswertschöpfung definieren können, die Aufbau- und Ablauforganisation, die firmeninternen Bedingungen zu den Direktvertriebskanälen, dem Produktportfolio, der Preisstrategie, dem Sales Support und den Marketing Aktivitäten, um darauf aufbauend eine erfolgreiche Partnerschaft überhaupt möglich zu machen. Diese Innensicht auf das eigene Unternehmen ist für langjährige Mitarbeiter relativ einfach, für externe Bewerber auf eine Position im Partnermanagement aber ungleich schwieriger. Die folgenden Fragen entlang der Wertschöpfungskette (vgl. Tab. 1) sollen dazu dienen, ein aktuelles Bild über den Status des Partnermanagements zu gewinnen und sukzessive ein Verständnis für eine integrierte, wenn auch eigene Partnermanagement-Strategie aufzubauen. Außerdem sind diese Fragen auch hilfreich für Bewerber auf eine Position im Partnermanagement, um vorab zu wissen, wie „karrierefördernd" die Aufgabe überhaupt sein kann.

Fazit & Erkenntnis

Das Partnermanagement und seine Rolle im eigenen Unternehmen kann nur erfolgreich sein, wenn das Unternehmen das Partnergeschäft auch als solches will und wertschätzt und ggf. sogar explizit eine eigene Strategie-Initiative dazu formuliert hat. Die obigen Fragen zielen schlichtweg darauf ab zu erkennen, ob das eigene Unternehmen überhaupt die Fähigkeit hat, Partnergeschäft und echtes Partnermanagement zu betreiben, oder ob es sich um reine „Marketing-Kosmetik" handelt oder der Bereich erst neu aufgebaut werden soll, um zu einer wirklich integrierten Partnerstrategie zu kommen. In jedem Fall lernt der Partnermanager sehr schnell einzuschätzen, wie komplex seine Aufgabe, insbesondere die „Aufbauarbeit" im eigenen Haus, sein wird.

Tab. 1 Analyse – Partnermanagement im eigenen Unternehmen

Themen	Hinterfragen durch	Aussagen zu dem jeweiligen Thema und den damit verfolgten Zielen	Bedeutung für das Partnermanagement (d. h. kommt in den genannten Zielen und Aussagen zu dem jeweiligen Element/Thema das Wort „Partner" oder „Partnermanagement" vor? Ja/nein	Eigene Bewertung +++/ – – –
Leitlinie, Mission „Wer sind wir?", „Was machen Wir?"	Aus der Leitlinie, der Mission lässt sich ableiten, ob man etwas herstellt und vermarktet, um einen bestimmten Markt und dessen inhärente Bedürfnisse zu befriedigen	Aussage: Verfolgtes Ziel		
Vision, Unternehmensstrategie	Die Aussagen zur Unternehmensstrategie geben Auskunft darüber, welchen Fokus das Unternehmen in den nächsten 2–5 Jahren einnehmen wird	Aussage: Verfolgtes Ziel		
Unternehmerische Situation und unternehmerischer Entscheidungsprozess	Hier geht es in erster Linie, um die Schnelligkeit, auf veränderte Markt- und Unternehmensbedingungen reagieren zu können und wie sich das Unternehmen aktuell im Markt „befindet": Unternehmensgröße und Finanzkraft	Aussage: Verfolgtes Ziel		

Tab. 1 (Fortsetzung)

Themen	Hinterfragen durch	Aussagen zu dem jeweiligen Thema und den damit verfolgten Zielen	Bedeutung für das Partnermanagement (d. h. kommt in den genannten Zielen und Aussagen zu dem jeweiligen Element/Thema das Wort „Partner" oder „Partnermanagement" vor? Ja/nein	Eigene Bewertung +++/ ---
Status Quo & Entwicklung				
Management	Schnelligkeit des Entscheidungsprozess in Bezug auf Beschlussvorlagen, Dauer der Mitglieder im Management, Größe des Management	Wie lange sind die jeweiligen Mitglieder bereits im Top-Management des Unternehmens tätig? Wie groß ist das Management, sprich wie viele Manager umfasst das Top-Management? Entspricht die Größe des Managements einem vergleichbaren Unternehmen? Hinterfragen der Lebensläufe und beruflichen Stationen der Menschen im Management.	Aussage: Verfolgtes Ziel	
Planung	Planung bezeichnet die Beschreibung der Schritte, die für die Umsetzung der operativen Ziele notwendig sind und welche Gruppen hier wie involviert werden, um den Markt und die aktuelle Positionierung und die	Wie ist der unternehmerische Planungsprozess aufgesetzt? Welche planerischen Zeiten und Zahlen werden angewendet, wie etwa Zahl der Mitbewerber, Marktposition der Mitbewerber, von ihnen genutzte	Aussage: Verfolgtes Ziel	

Tab. 1 (Fortsetzung)

Themen	Hinterfragen durch	Aussagen zu dem jeweiligen Thema und den damit verfolgten Zielen	Bedeutung für das Partnermanagement (d. h. kommt in den genannten Zielen und Aussagen zu dem jeweiligen Element/Thema das Wort „Partner" oder „Partnermanagement" vor? Ja/nein	Eigene Bewertung +++/ ---
	zukünftige Positionierung gemäß der Unternehmensstrategie in Einklang zu bringen	Vertriebswege, Umsatz- und Kostenentwicklungen, andere Benchmarks etc.?		
Organisation	Matrix-Struktur, Verantwortungsstruktur, „Silos"	Aus der Sicht eines möglichen Partners gefragt: Ist es einfach, mit einer solchen Organisationsstruktur zusammen zu arbeiten? Wo ist das Partnermanagement eingeordnet? Wie viele Hierarchieebenen bis zum verantwortlichen Top-Manager gibt es?	Aussage: Verfolgtes Ziel	
Operative Prozessstruktur	Redundanz von Aufgaben, Effizienzgrad	Was passiert im Unternehmen, wenn ein Interessent als möglicher Kunde identifiziert wurde, und welche Gruppen und Abteilungen sind zu involvieren auf dem Weg zum Abschluss?	Aussage: Verfolgtes Ziel	
Einkauf	Schnelligkeit und Effizienz	Wie viele Lieferanten verantwortet der Einkauf aktuell? Sind hier Partner	Aussage: Verfolgtes Ziel	

Tab. 1 (Fortsetzung)

Themen	Hinterfragen durch	Aussagen zu dem jeweiligen Thema und den damit verfolgten Zielen	Bedeutung für das Partnermanagement (d. h. kommt in den genannten Zielen und Aussagen zu dem jeweiligen Element/Thema das Wort „Partner" oder „Partnermanagement" vor? Ja/nein	Eigene Bewertung +++ / ---
	involviert, die uns im eigenen Partnermanagement helfen können? Welche Kernaussagen sind in den letzten 12 Monaten vom Einkauf und der Geschäftsleitung über den Einkauf gemacht worden?			
Produktpolitik, Produktentwicklung und Produktion. Produktportfolio, Schnelligkeit der Produktentwicklung, Stabilität und Qualität, Migrationsentwicklung von Altprodukten	Gibt es für bestimmte Kunden Produkt-Sonderanfertigungen? Entspricht die Anzahl der Produktentwickler in etwa der Anzahl eines vergleichbaren Wettbewerbers? Wie viele Mitarbeiter arbeiten im Testlabor? Welche Fluktuation gibt es im Testlabor oder in der Produktentwicklung? Stehen Produktportfoliobereinigungen an bzw. sind diese bereits angekündigt?	Aussage: Verfolgtes Ziel		
Kunden, Zielkunden. Beschreibt den Markt, aktuelle Kunden, aktuelle Kundenstruktur	Wer sind unsere Kunden und welche Wünsche und	Aussage: Verfolgtes Ziel		

Tab. 1 (Fortsetzung)

	Themen	Hinterfragen durch	Aussagen zu dem jeweiligen Thema und den damit verfolgten Zielen	Bedeutung für das Partnermanagement (d. h. kommt in den genannten Zielen und Aussagen zu dem jeweiligen Element/Thema das Wort „Partner" oder „Partnermanagement" vor? Ja/nein	Eigene Bewertung $+++/$ $---$
	(z. B. Größe), zukünftige Kundensegmente, die man adressieren möchte, Zahl der (potenziellen) Kunden, regionale Verteilung, Kauffrequenz, Bedarfshäufigkeit, Auftragsvolumen, Einkaufsgewohnheiten, Käufermacht etc	Bedürfnisse haben sie? Welche Personen und Organisationen sind an der Kaufentscheidung mehr und minder aktiv beteiligt? Und: Was erwarten sie von uns und was sollten wir folglich tun, damit sie „Promotoren" für uns werden?			
Distributionspolitik	Vertriebs-/Unternehmensziele, direkter und indirekter Verkauf, Provisionierung (direkt – indirekt), Erklärungsbedürftigkeit der Produkte und Dienstleistungen, Lager- und Transportfähigkeit	Wie werden Channel-Konflikte gehandhabt? Ist hier jeweils das Top-Management zu involvieren? „Stärke"/Kompetenz der eigenen Vertriebsmannschaft, Größe des Vertriebs total und in Prozent zur Gesamtbelegschaft, Fluktuationsgrad im Vertrieb?	Aussage: Verfolgtes Ziel	
Preispolitik	Preisdifferenzierung, Preis-Bundle etc	Gibt es bereits eine Preisliste für bestehende Partner? Gibt es Produkt-Service-Bundle, die für Partner bereits preislich definiert wurden? Welche Discount-Struktur gibt es?	Aussage: Verfolgtes Ziel	

Tab. 1 (Fortsetzung)

Themen	Hinterfragen durch	Aussagen zu dem jeweiligen Thema und den damit verfolgten Zielen	Bedeutung für das Partnermanagement (d. h. kommt in den genannten Zielen und Aussagen zu dem jeweiligen Element/Thema das Wort „Partner" oder „Partnermanagement" vor? Ja/nein	Eigene Bewertung +++/ – –
Servicepolitik	Leistungsportfolio in Bezug auf Dienstleistungen für den Kunden	Fragen zur Verfügbarkeit, Know-how, Auslastungsgrad, Support-Konzept, Zusammenspiel Partner-Support und eigener Support	Aussage: Verfolgtes Ziel	
Finanzen	Buchhaltung, „echte" strategische Bewertung und Monitoring	Inwieweit stehen Finanzauswertungen (Zahlen, Charts etc.) über die Zahlungsfähigkeit von Partnern, Kunden und prognostizierte Entwicklungen auf „Knopfdruck" zur Verfügung?	Aussage: Verfolgtes Ziel	
Personal	Schnelligkeit des Recruiting, Personalentwicklungsanalyse und -Angebote	Wie hoch ist die Zahl der Einstellungen auf Grund von Mitarbeiterempfehlungen? Wie viele Trainingsangebote gibt es – externe und interne Trainings	Aussage: Verfolgtes Ziel	
IT	Mobilität und Leistungsfähigkeit	Fragen nach Flexibilität, Schnelligkeit, State-of-the-Art-Technologie, Anwendungsvielfalt, Komplexitätscharakter, SOA-Indizierung, Integration von externen Anwendungssystemen beispielsweise von Partnern	Aussage: Verfolgtes Ziel	

Schritt 3: Die eigene Wertschöpfung kennen

Wenn es um die operative Prozessstruktur geht, stellt sich die einfache Frage: Was passiert im Unternehmen, wenn ein Interessent als Kunde identifiziert wurde, und welche Gruppen und Abteilungen sind zu involvieren auf dem Weg zum Abschluss? Zumeist wird diese Frage am Ende der Antwort mit dem Satz beendet: „Am Ende sind irgendwie immer alle involviert". Viel kritischer ist aber, dass es selten einen Mitarbeiter gibt, weder im Qualitätsmanagement noch der Betriebsorganisation, der auch nur annähernd den gesamten Prozess vom Verkauf bis zum laufenden Support vollständig skizzieren kann. Dabei ist dieses Verständnis sehr wichtig, um überhaupt einen Partner in die eigenen betrieblichen Prozesse effizient einbeziehen zu können.

Zum jetzigen Zeitpunkt ist es völlig unnötig, alle Formalien und Subprozesse zu definieren. Es reicht, die Wertschöpfung am Kunden in einem Flow-Chart (vgl. Abb. 10) abzubilden. Schon bei dieser oberflächlichen Sicht auf den Prozess wird man feststellen, dass zahlreiche Aufgaben in diesem „Neu-Kunden-Prozess", zwar bekannt sein mögen, aber nicht immer definiert sind. Nur: Wenn man sie nicht kennt, wie will man dann einem

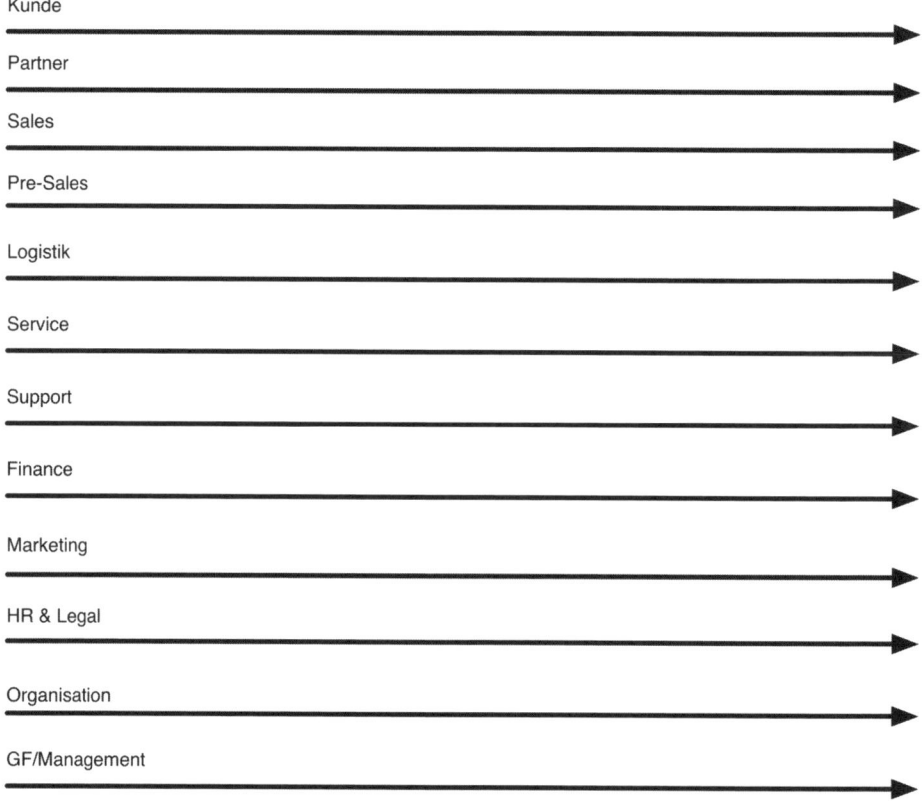

Abb. 10 Analyse – einfache Unternehmensprozessdarstellung

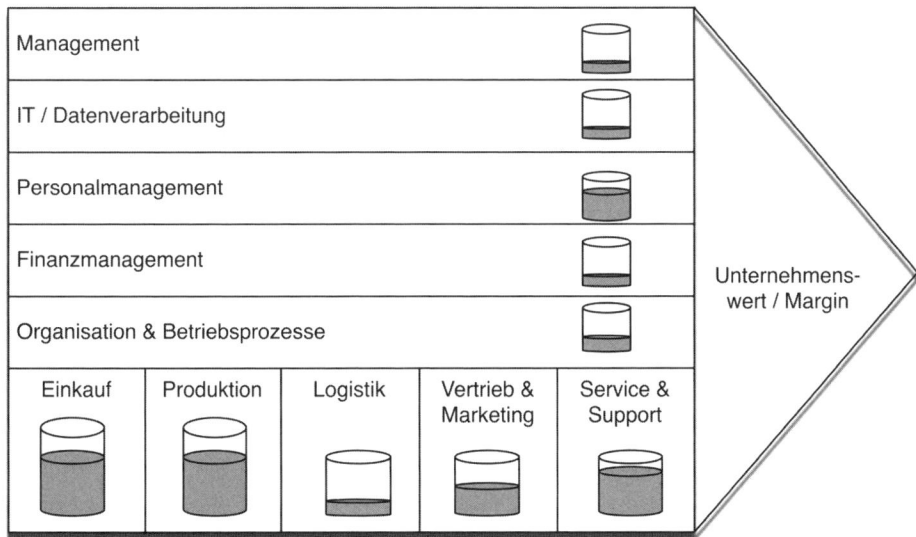

Abb. 11 Aktivitäten und ihr Anteil an der Wertschöpfung

Partner die Zusammenarbeit mit dem eigenen Unternehmen erklären? Als Partnermanager beginnt man mit einer schlichten Aufgabenstellung: ein potenzieller Partner möchte mit uns in Bezug auf eine sehr komplexe Lösung für einen Neukunden zusammenarbeiten. Die Lösung ist bereits im Groben vom Kunden und dem potenziellen Partner definiert worden. Beschreiben Sie den Workflow durch Pfeile zu den verschiedenen Bereichen und Abteilungen in Ihrem Haus bis zu einem möglichen gemeinsamen Vertragsabschluss.

Daraus lässt sich sehr gut erkennen, welcher Aufwand mit einem „neuen" Kunden einhergeht, und es lässt sich auch abschätzen, mit welchem zusätzlichen Aufwand bei einem über einen Partner gewonnenen Kunden zu rechnen ist. Am Ende dieser einfachen Prozesssicht steht die Abschätzung, welche Anteile die jeweiligen primären und sekundären Unternehmensaktivitäten an der Wertschöpfung haben (vgl. Abb. 11).

Stellt sich dabei heraus, dass z. B. Service und Support einen enormen Anteil an der Wertschöpfung haben, ist die Arbeitsorganisation in diesem Bereich umso bedeutender. Für den Partnermanager bedeutet das, sich intensiv um persönliche Kontakte in diesem Bereich zu kümmern. Wenn das Personalmanagement einen so hohen Anteil an der Wertschöpfung hat, dann kann dies nur durch Insourcing von Kundenabteilungen, wie z. B. der IT etc., erklärbar sein, wie es eben bei Outsourcing-Dienstleistern häufig der Fall ist, oder aber der Partner ist ein sogenanntes Systemhaus, das hauptsächlich „Body-Leasing" betreibt, und damit als z. B. „Reseller" eher ungeeignet ist. Hat der Einkauf einen ebenso wichtigen Anteil an diesem Wertschöpfungsprozess, dann lässt sich erahnen, wie preissensitiv das Unternehmen aufgestellt ist und wie rigide Discount-Modelle auch in Bezug auf neue Partner angeboten werden können. Diese Bewertung geht wiederum in die eigene abschließende Bewertung (Tab. 2, rechte Spalte) ein.

Tab. 2 Analyse 2 – Partnermanagement im eigenen Unternehmen

	Themen		Aufgaben des Partnermanagements	Abschließende eigene Bewertung + + +/– – –
Leitlinie, Mission „Wer sind wir?", „Was machen Wir?"	Aus der Leitlinie, der Mission lässt sich ableiten, ob man etwas herstellt und vermarktet, um einen bestimmten Markt und dessen inhärente Bedürfnisse zu befriedigen	…		
Vision, Unternehmensstrategie	Die Aussagen zur Unternehmensstrategie geben Auskunft, welchen Fokus das Unternehmen in den nächsten 2–5 Jahren haben wird.	…		
Unternehmerische Situation und unternehmerischer Entscheidungsprozess	Hier geht es in erster Linie, um die Schnelligkeit, auf veränderte Markt- und Unternehmensbedingungen reagieren zu können, und wie sich das Unternehmen aktuell im Markt „befindet": Unternehmensgröße und Finanzkraft	…		
Status Quo & Entwicklung		…		
Management	Schnelligkeit des Entscheidungsprozesses in Bezug auf Beschlussvorlagen, Dauer der Mitglieder im Management, Größe des Management	…	Abgleich Verständnis der Begriffe am Markt, Abgleich mit Marktpotenzial aus Sicht der Business Unit des Partners Abstimmung der Zielmärkte	

Tab. 2 (Fortsetzung)

Themen		Aufgaben des Partnermanagements	Abschließende eigene Bewertung ++ +/- --
	…	Abstimmung der Branchen	
		Definition der Investments in die Partnerschaft	
		Bestimmung der Aufwände für die Maßnahmen zur Erreichung der Ziele und Zusicherung von Ressourcen	
		Regelmäßige Management-Meetings	
		Kickoff-Meetings	
		Organisationsinformationsaustausch	
Planung	Planung bezeichnet die Beschreibung der Schritte, die für die Umsetzung der operativen Ziele notwendig sind und welche Gruppen hier wie involviert werden, um den Markt und die aktuelle Positionierung und die zukünftige Positionierung gemäß der Unternehmensstrategie in Einklang zu bringen	…	
		Abstimmung Marktsicht und Marktzahlen	
		Abstimmung der Marktzahlen und Infos aus Studien als gemeinsame Planungsgrundlage	
		Definition des Marktpotenzials bezogen auf unser heutiges und morgiges Leistungsportfolio	
		Festlegen der Absatzziele/Umsatzziele	
		Aktivitäten Planung mit Priorisierung	
		Aufstellung eines Aktivitätenplans mit Ressourcen	

Tab. 2 (Fortsetzung)

	Themen		Aufgaben des Partnermanagements	Abschließende eigene Bewertung ++ +/- --
			Festlegung der zeitlichen Abfolge und Verantwortlichkeiten	
Organisation	Matrix-Struktur, Verantwortungsstruktur, „Silos"	...	Information über Veränderungen in der eigenen Organisation	
			Information über Veränderungen in der Partner Organisation	
			Austausch von Org-Charts	
Operative Prozessstruktur	Redundanz von Aufgaben, Effizienzgrad	...	Definition der Geschäftsprozesse – Process Owner:	
			Aufstellung und Überwachung der wesentlichen Aufgaben der Abteilung entlang des Partnerschaftswertprozesses	
			Bewertung der heutigen Partnerbeziehungen entlang der Prozesskette	
Einkauf	Schnelligkeit und Effizienz	...		
Produktpolitik, Produktentwicklung und Produktion	Produktportfolio, Schnelligkeit der Produktentwicklung, Stabilität und Qualität, Migrationsentwicklung von Altprodukten	...	Konzept für Update-Prozedur	
			Anwendungslösungen	
			Angebotstext- und -grafiken	
			Druckschriften (Vertrieb, Technik, Referenzen, Case Studies)	

Tab. 2 (Fortsetzung)

Themen		Aufgaben des Partnermanagements		Abschließende eigene Bewertung + ++/- --
	...	Foliensätze und Templates		
		Vertriebs- und Produkthandbücher		
		Projektierungs- und Kalkulationshinweise		
		Change-Request-Verfahren etc.		
		Einladungen zur gegenseitigen Produktentwicklung für Entwicklungen		
Kunden, Zielkunden	Beschreibt den Markt, aktuelle Kunden, aktuelle Kundenstruktur (z. B. Größe), zukünftige Kundensegmente, die man adressieren möchte, Zahl der (potenziellen) Kunden, regionale Verteilung, Kauffrequenz, Bedarfshäufigkeit, Auftragsvolumen, Einkaufsgewohnheiten, Käufermacht etc	...	„Awareness"-Kampagnen		
		Einbringen von Informationen in die existierenden Vertriebsinfosysteme		
		Bekanntmachung durch Veröffentlichungen in der Infoschriften der Partner		
		Vorträge auf Vertriebsmeetings, Technik-Support-Meetings (Roadshow)		
		Bekanntmachung der Zusammenarbeit (Fachzeitschriften)		
		Konzept für Infopipelines über Produkte & Services		
		Konzept für halbjährliche Infoveranstaltungen über News und Strategien		

Tab. 2 (Fortsetzung)

	Themen	…	Aufgaben des Partnermanagements	Abschließende eigene Bewertung + + +/– ––
		…	Newsletter	
			Medienkonzept für gemeinsame Presseveröffentlichungen, Vertriebsveranstaltungen (Themenschwerpunkte), gemeinsame Kundenveranstaltungen (z. B. VIP Foren), gemeinsame Messe und Kongressauftritte (Jahresplanung)	
			Spezielle Vermarktung von Mehrwert-Bundles	
			Spezielle Kundenstrategiemeeting in einzelnen Niederlassungen des Partners	
			Koordination von Kongress-Vorträgen	
			Pflege der Info-Pipelines über Produkte & Services	
			Referenzen und Anwendungsbeispiele	
			Pflege des Extranet für Partner	
Distributionspolitik	Vertriebs-/Unternehmensziele, direkter und indirekter Verkauf, Provisionierung (direkt – indirekt), Erklärungsbedürftigkeit der Produkte und Dienstleistungen, Lager- und Transportfähigkeit	…	Festlegung einer gemeinsamen Vertriebsstrategie und der Eckpunkte, wie die Lösungen in den Markt gebracht werden sollen	
			Welche Ziele haben wir mit diesem Partner?	

Tab. 2 (Fortsetzung)

Themen	...	Aufgaben des Partnermanagements	Abschließende eigene Bewertung + + +/– – –
		Welche Ziele hat der Partner?	
		Welche gemeinsamen Ziele?	
		Definition des Partner-Portfolios	
		Abstimmung der Kernkompetenzen der Partner	
		Abstimmung der in das Partner-Portfolio passenden Produkte und Dienstleistungen von uns	
		Solutions-Workshops	
		Abgleich der erforderlichen Beratungs- und Integrations- und Entwicklungsleistungen	
		Definition von Bausteinen	
		Definition von verschieden Service/Support-Paketen	
		Produkteinführung in die Partnerorganisation	
		Partner-Zertifizierung – Programm – Umsetzung	
		Bewertung der Stärken, Bewertung der Schwächen und Gegenmaßnahmen (bzw. Argumente)	

Tab. 2 (Fortsetzung)

Themen	...	Aufgaben des Partnermanagements	Abschließende eigene Bewertung + + +/- - -
		Bewertung weiterer Möglichkeiten und Bedrohungen (Markt -, Unternehmens-, Wirtschaftspolitik) und Gegenmaßnahmen	
		Auftritt im Intranet des Vertriebs-Partner:	
		Definition der Inhalte und deren Darstellung, Aufbereiten unserer Informationen im Hinblick auf Vermarktungspolitik der Partner	
		Übersicht Win-Loss	
		Argumente und Modellrechnung für die Effektivität des indirekten vs. direkten Vertriebs (Multiplikator, Aufwand, Add-on)	
		Strategie und Aktivitäten für die operative Zusammenarbeit mit den Account-Managern	
		Aufbereitung der Information über die Vorteile der Partner und die Zusammenarbeit mit ihnen	

Tab. 2 (Fortsetzung)

Themen	...	Aufgaben des Partnermanagements	Abschließende eigene Bewertung + + +/– – –
	...	Abstimmung einer transparenten Vorgehensweise für die Kundenakquisition (Prospect Review Board)	
		Erarbeitung von Kennzahlen für eine erfolgreiche Zusammenarbeit	
		Definitionen von Unternehmen-Partner-Response-Zeiten	
		Trainings für direkten Vertrieb und den eigenen Service und Support im Umgang mit Partnern	
		Training für Produkt und Service-Kalkulationen für Partner Lieferzusagen	
		Regelmäßiges Briefing der Account Manager über Partner News Abstimmung der Vorgehensweise bei Kunden-Prospects (Rules of Engagement)	
Preispolitik	... Preisdifferenzierung, Preis-Bundle etc	Bestimmung des Discounts auf Produkte und Leistungen	
		Bestimmung der Installations-Service- und Support-Preise	
		Bestimmung der Preise für Leistungen nach Aufwand	

Tab. 2 (Fortsetzung)

Themen	...	Aufgaben des Partnermanagements	Abschließende eigene Bewertung + + +/- - -
	...	Abstimmung der Bepreisungskette	
		Aufschläge	
		Festlegung der Margenziele	
		Einführung von Incentives	
		Definition der Commission Policy und Ziele	
Servicepolitik	...	Leistungsportfolio in Bezug auf Dienstleistungen für den Kunden	
		Lenkungsausschuss (Konfliktmanagement, . . .)	
		Beschwerdemanagement	
		Besprechungskultur (Anzahl, Form, Inhalt, Protokoll), Abstimmung der Terminpläne (Transparenz)	
		Definition einer Struktur zur Ablage von Projektdaten im Netz	
		Definition der Ziele der Abteilung	
		Definition der Performance-Kriterien	
		Erarbeitung von Kennzahlen für eine erfolgreiche Zusammenarbeit	
		Kontrolle der Response-Zeiten	
		Antrittszeiten für Beratungsressourcen	
		Projektmanagement-Verständnis und Umsetzung: Projektablaufplan	

Tab. 2 (Fortsetzung)

	Themen	...	Aufgaben des Partnermanagements	Abschließende eigene Bewertung + + +/- - -
			Schulungsbedarf und -angebote,	
			Lieferung, Lagerung, Transport, Einhalten von Lieferzusagen	
			Change-Request-Verfahren	
			Service Level Agreements (Antritts-, Reaktionszeiten,...)	
			Ersatzteilversorgung/-haltung	
			Test- und Demo Center	
			Kundentrainings (Academy)	
			Text-Bausteine für die einzelnen Support-Leistungen	
Finanzen	Buchhaltung, „echte" strategische Bewertung und Monitoring		Prozedur des Bezahlvorgangs	
			Prozedur der Rechnungsstellung	
			Prozedur zum Abgleich offener Rechnungen	
Personal	Schnelligkeit des Recruiting, Personalentwicklungsanalyse und -Angebote			
IT	Mobilität und Leistungsfähigkeit		Support Center für 1st Level Support mit Tracking System – integriert in die jeweiligen Back-End-Systeme	

Ist in den zentralen Wertschöpfungsaktivitäten, die eigene Bewertung sehr niedrig, dann sollte das gewählte „Konstrukt des Partnermanagements" in Frage gestellt und neu definiert werden. Steht die Anzahl und die Komplexität der Aufgaben des Partnermanagements bei den jeweiligen Elementen/Themen in krassem Widerspruch zu der eigenen Bewertung des Themas, dann sollte man sich überlegen, ob Partnermanagement wirklich in diesem Unternehmen gewollt ist. Wenn letzteres der Fall ist, dann muss zumindest zu einem Mitglied der obersten Geschäftsleitung, inklusive „Hausmacht", eine direkte, wenn nicht sogar persönliche Berichtslinie bestehen.

Fazit & Erkenntnis

Die obigen Fragen zielen auch darauf ab, ein Verständnis zu schaffen, wie komplex das Thema Partnermanagement in einem Unternehmen sein kann bzw. sein wird und das hierfür nur ein wirklich sozial kompetenter Mitarbeiter, ein „Netzwerker" mit einem hohen technischen Verständnis, in Frage kommt. Um diese Fragen zu beantworten, muss man sich als Partnermanager auf die Reise durch das eigene Unternehmen begeben. Wie schnell die obigen Informationen dem Partnermanager in Gesprächen oder per Dokumentation bereitgestellt werden, ist ein Indiz, um zu erkennen, welche Bedeutung der Person des Partnermanagers im eigenen Haus beigemessen wird. Die abschließende Bewertung zielt darauf ab, zu erkennen, ob das Partnergeschäft überhaupt für das Unternehmen, so wie es jetzt organisiert ist, und für Sie persönlich Sinn macht.

Schritt 4: Den „typischen Kunden" kennen, unseren Markt verstehen

Nachdem wir in den vorherigen Schritten von unserer Branchensicht zur Unternehmensinnenansicht gelangt sind, geht es in dem nächsten Schritt darum, den Markt aus der Sicht des Kunden zu verstehen. So ist etwa für einen Kunden eine Telefonanlage ganz eng verbunden mit dem Kundenservice, dem CRM-System und damit den Back-End-Systemen. Für den Hersteller der Telefonanlage allerdings ist der Kunde nur jemand, der ein- und ausgehende Gespräche führen will.

Ein klassisches Kundenprofil ist relativ leicht erstellt: Größe des Unternehmens nach Umsatz und Mitarbeiterzahl, Branche und Bejahung auf die Frage hin, ob es Bedarf an unserer Lösung haben könnte. Dem werden die bestehenden Kunden gegenüber gestellt.

Aus Abb. 12 wird deutlich, dass das unten aufgezeigte, beispielhafte Unternehmen (Umsatz pro Kunde als roter Kreis dargestellt) in dem jeweiligen Segment in der Regel hinter dem Potenzial pro Kunde hinterherläuft. Bis auf zwei Kunden, die eher dem „Klein-Unternehmen"-Kundensegment zuzuordnen sind, bleibt das Unternehmen in den anderen Segmenten und bei anderen Kunden hinter den Erwartungen zurück, wenn es gilt, das Potenzial der Lösung pro Kunde auszuschöpfen. Insofern ist zu fragen, warum dem so ist. Vorstellbar ist, dass der Vertrieb die Produktlösungskomponenten bei den falschen Personen beim Kunden präsentiert, der wirkliche Zugang zum Entscheider und „Budget-Owner" fehlt

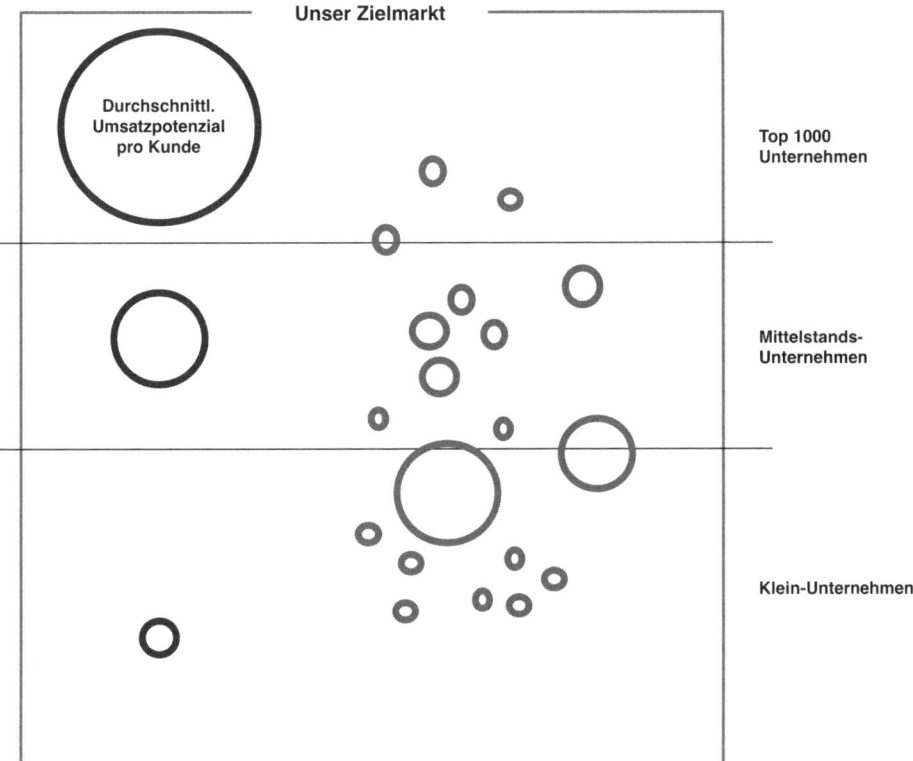

Abb. 12 Marktsegmentierung – einfach

oder aber die Lösung nicht als Lösung angeboten wird, sondern die vermeintliche Lösung lediglich über Produkt-Features verkauft wird.

In beiden Fällen kann ein Partnermanagement helfen, diese Probleme zu lösen. Dazu ist es aber notwendig, dass der Partnermanager sich darum bemüht zu verstehen, wie die eigene „Lösung" im Zusammenspiel mit anderen Produkten und Lösungen beim Kunden zum Einsatz kommt. Wenn es immer wieder Integrationsbedarf gibt mit speziellen, branchenspezifischen Lösungen, dann wird man nicht umhin können, nach branchenspezifischen Partner zu suchen, durchaus auch in Randmärkten (vgl. Abb. 13).

Auch immer wiederkehrende Integrationsthemen mit anderen Produkten (z. B. Carrier-Leistungen, Back-End-Systeme, Netzwerkinfrastruktur etc.) und deren Hersteller stellen mögliche Partner dar.

Es geht deshalb darum, zunächst aus der Sicht des Kundenbedarfs den Markt zu verstehen. Wie zahlreiche Ausschreibungen immer wieder zeigen, fällt es vielen Kunden schwer, die eigene Marktsicht und den eigenen Lösungsbedarf mit den Herstellerangeboten in Einklang zu bringen. Folgendes Beispiel aus dem Bereich Customer Relationship Management (kurz CRM) mag dies verdeutlichen (vgl. Abb. 14).

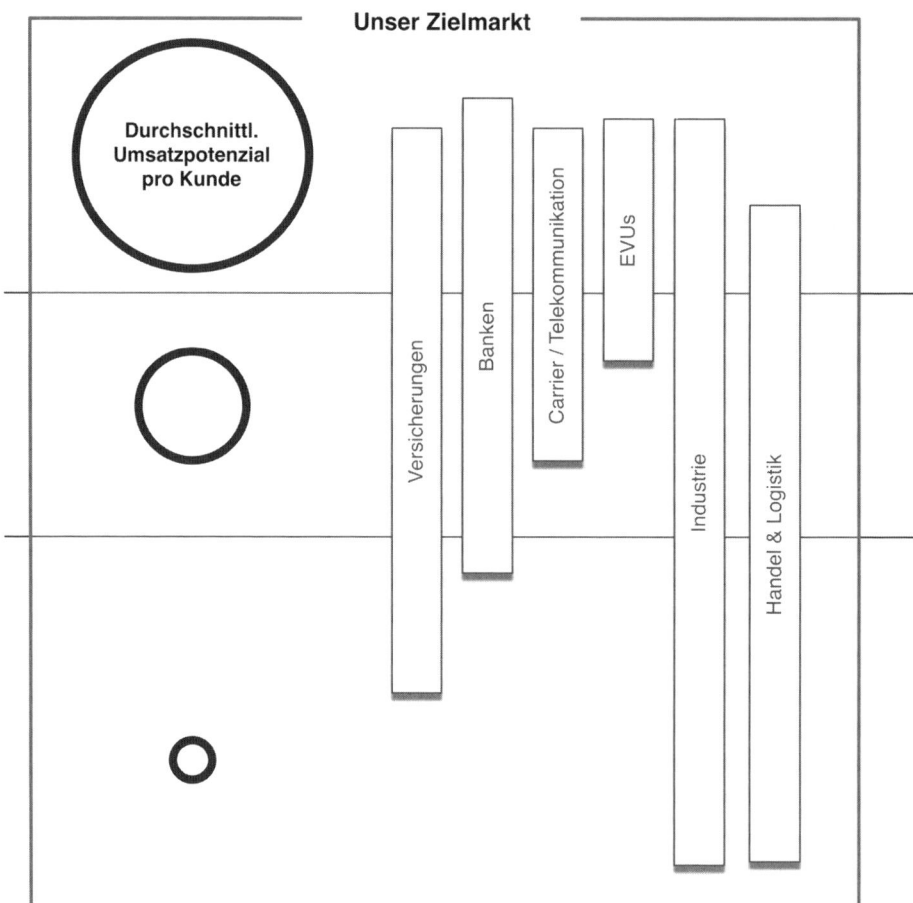

Abb. 13 Marktsegmentierung – branchenbezogen

CRM ist für den Kunden nicht nur die Anwendung, mit denen die eigenen Mitarbeiter Ihre Kontakte pflegen. Es sollen im Moment des Eingangs eines Telefonats die richtigen Daten beim richtigen Mitarbeiter auf dem Bildschirm erscheinen. Es muss möglich sein, dass der Mitarbeiter Daten in Back-End-Systemen sofort verändern kann und nicht erst auf einen nächtlichen Batch-Prozess gewartet werden muss, denn der Kunde kann ja gleich wieder anrufen oder eine E-Mail schreiben, er könnte über einen Social-Media-Blog seinen Lieferstatus abfragen oder sich über das Unternehmen beschweren, wenn die Online-Daten immer noch nach ein paar Stunden falsch sind. Auch die diversen Monitoring-Tools müssen geprüft werden, wie der Service-Level ist, wie die „First-Call-Resolution" ist, ob die Anzahl der Neukunden im Verhältnis zu den bestehenden Kunden eine zum Vormonat abweichende oder steigende Tendenz hat, so dass das Marketing über das CRM-System entsprechende Kampagnen initiieren kann.

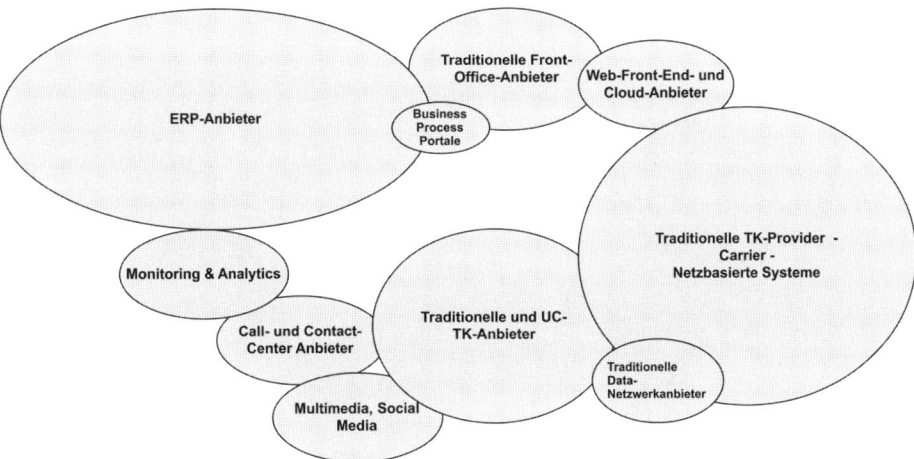

Abb. 14 Player im Gesamtmarkt CRM

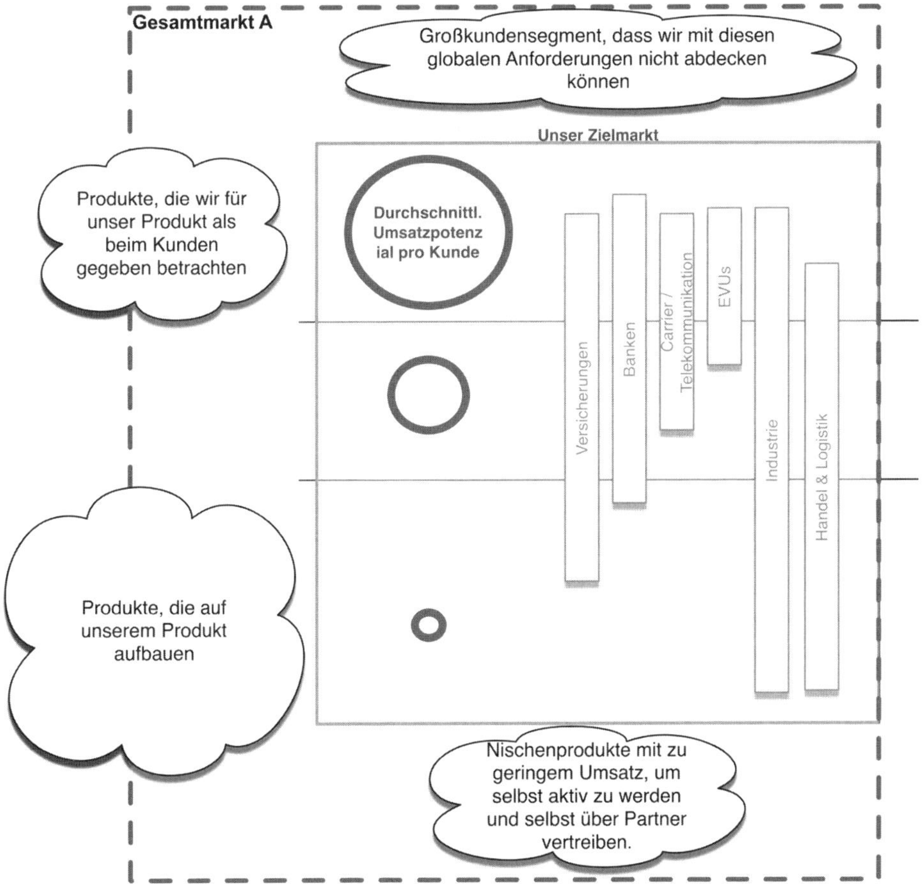

Abb. 15 Gesamtmarkt und Zielmarkt Korrektur in Abb.: oberste Zeile „das" statt „dass"

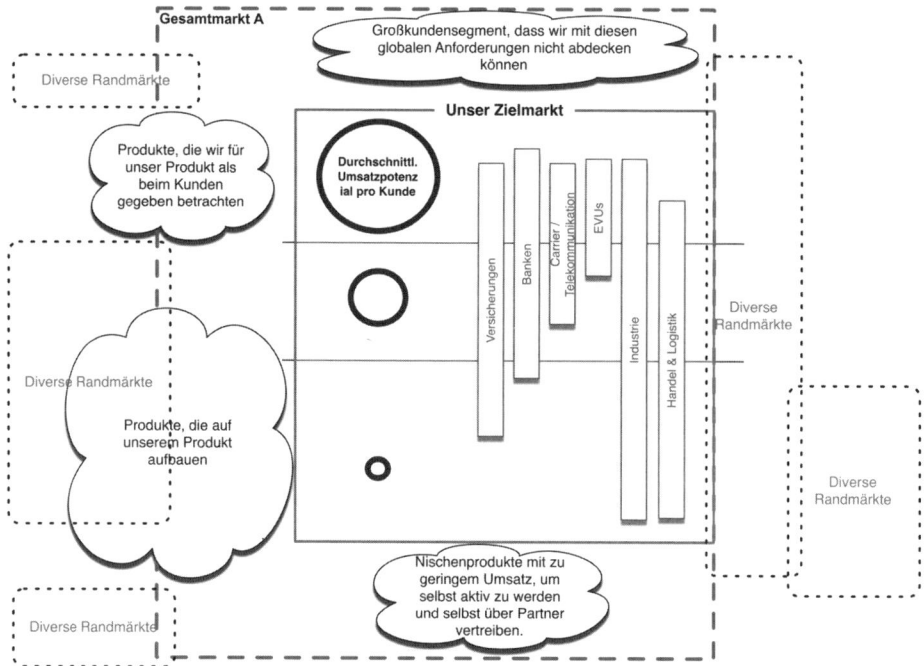

Abb. 16 Gesamtmarkt, Zielmarkt und Randmärkte Korrektur: „das" statt „dass"

An diesem kleinen Szenario wird deutlich, wie eng bestimmte Produkte beim Kunden verzahnt sind. Nicht selten sind diese Verzahnung und die Komplexität der Prozessland-schaft eines Kunden dem Hersteller eines Produktes oder einer Lösung nicht zur Gänze bewusst. Bildet man die verschiedenen Lösungsbestandteile, die der Kunde genannt hat, ab und bringt sie in einem Chart zusammen (vgl. Abb. 15), so kann man eine gewis-se „Integrations"-Affinität der Produkte erkennen und genau dort liegen die Potenziale für Partnerschaften. Alle die vom Kunden genannten Lösungsbestandteile sind Teil sei-ner Marktsicht. Innerhalb dieses Marktes aus Kundensicht hat das Unternehmen seinen Zielmarkt.

In diesem „Kundensicht-Markt" ergibt sich eine Fülle von Randmärkten, Randmärkte, die potenzielle Partner enthalten, mit denen es ggf. Sinn macht, zusammen zu arbeiten (vgl. Abb. 16).

Das Chart von Abb. 16 lässt sich einfach nutzen, um die relevanten Randmärkte und die möglichen Marktteilnehmer einzutragen. Hierfür ist es allerdings unerlässlich, dass man sich kurz mit der Sprachterminologie des jeweiligen Randmarktes beschäftigt und dabei durchaus in diversen Suchmaschinen die Hersteller abfragt. Auch wird bei dieser kleinen Übung „Markt aus Kundensicht" festgestellt, dass es sich dabei um Unternehmen handelt, die in einem bestimmten geografischen Markt noch gar nicht präsent sind, dafür aber einen besonders hohen Marktanteil in anderen Regionen haben. Diese Unternehmen können für zukünftige Partnerschaften besonders interessant sein.

Fazit & Erkenntnis

Das Partnergeschäft bietet Unternehmen die Möglichkeit, in bisher nicht erreichte Marktsegmente vorzustoßen und über Randmärkte den eigenen Markt neu zu definieren. Fragen Sie Ihren Kunden, welche Lösungskomponenten er für welchen Bedarf hat, und er nennt Ihnen damit die wichtigsten Randmärkte. Dabei können die Anforderungen, sowohl in bisher nicht bedienten Marktsegmenten im eigenen Markt als auch in Randmärkten für neue Marktpotenziale, sehr unterschiedlich sein, so dass dort ggf. nur über Partner überhaupt agiert werden kann.

Den richtigen Partner finden

Schritt 5: Partnerschaftstypen und -kategorien kennen

Es gibt fünf grundlegende Partnerschaften, die für alle Kategorien (OEM, ISV, SI usw..) in Frage kommen: die einmalige, projektspezifische Partnerschaft, die unabhängig voneinander agierenden Partner, die Co-Opetition, die Kooperation und die wirklich, produkttechnisch zusätzlich verzahnte Partnerschaft.

Partnermodelle
Es gibt fünf grundlegende Partnerschaften, die für alle Kategorien (OEM, ISV, SI usw..) in Frage kommen: die einmalige, projektspezifische Partnerschaft, die unabhängig voneinander agierenden Partner, die Co-Opetition, die Kooperation und die wirklich, produkttechnisch zusätzlich verzahnte Partnerschaft.

- Die **projektspezifische Partnerschaft** entsteht aus einer einmaligen „Opportunity". Sie kann von einem Generalunternehmer den Partnern verordnet oder vom Kunden verlangt worden sein oder das Projekt selbst zwingt zu kurzfristigen technologischen Partnerschaften oder Konsortien.
  Der Erfolg solcher Partnerschaften hängt vom jeweiligen Projektmanagement ab. Gelingt es dem Projektmanagement nicht, eine klare Kommunikationslinie zum Kunden zu definieren, so entstehen relativ schnell Grabenkämpfe zwischen den Partnern und die Gesamtlösung wird nicht verwirklicht. Gerade bei langfristigen Projekten ist der Erfolg in der ersten Phase schwierig zu definieren, da die einzelnen Partner auch eigene unterschiedliche Ziele verfolgen, umso notwendiger sind daher Partnerschaften, die bereits vor einem solchen Projekt existierten und durch Vertragsbeziehungen bereits eine gewisse Struktur besitzen.

© Springer Fachmedien Wiesbaden 2015   43
R. Klimke, *Professionelles Partnermanagement im Lösungsvertrieb*,
DOI 10.1007/978-3-658-06074-9_4

Sicherer im Umgang mit langfristig ausgerichteten und sehr komplexen Projekten ist es daher in solchen Fällen, von vornherein auf eine organisatorische Einheit hinzudrängen, in der sich die unterschiedlichen Partner in einer unternehmerischen Projektgesellschaft zusammenschließen.

- Die **unabhängig voneinander agierenden „Partner",** wenn man an dieser Stelle überhaupt von Partnern sprechen möchte, vereinbaren eine gemeinsame „Pressemitteilung", die auf die Interaktion der Produkte, eine gemeinsame Pressekonferenz und Marketingaktivitäten hinweist. Mehr nicht! Oftmals sind solche Pressemitteilungen „Viel Lärm um nichts" – dienen sie doch allenfalls der Aufmunterung für den jeweiligen Vertrieb, „dem sich ungeahnte neue Potenziale" damit erschließen sollen, und zur Steigerung des Unternehmenswertes oder Aktienkurses. Denn schaut dann der „Pre-Sales-Mitarbeiter" bei einer konkreten Analyse der angeforderten Kundenlösung hinter die Kulissen einer solchen Partnerschaft, dann eröffnet sich nicht selten ein Risikopotenzial, das das Wort „Partnerschaft" nicht verdient, zumindest nicht, was die zu erwartenden Funktionalitäten betrifft, die eben nicht abgedeckt sind.
- Die **Co-Opetition** ist ein Partnermodell, das nicht auf die vollständige Etablierung einer Partnerschaft ausgerichtet ist, sondern vielmehr auf die Ergänzung des eigenen Leistungs- bzw. Produktportfolios. Dabei überschneiden sich die Portfolios der einzelnen Partner erheblich, lassen aber immer noch genügend Spielraum für die Partnerschaft, weil es entsprechende Kundensegmente gibt, die genau diesen überschneidenden Produktportfoliobedarf haben. Ansonsten herrscht in dieser Partnerschaft Wettbewerb. Bei diesem Modell sind die sozialen Beziehungen wichtig. Sind die gemeinsamen Kundensegmente nicht klar abgegrenzt, wird der Partnermanager jeden Tag mit „Channel-Konflikten" zu kämpfen haben und zudem seine Reputation im eigenen Unternehmen mittelfristig aufs Spiel setzen.
- Durch eine **Kooperation** erschließt sich eine gemeinsame Vorgehensweise, z. B. im Marketing, in einem gemeinsamen Marktauftritt und im gegenseitigen Vertrieb der Produkte. Die Zusammenarbeit manifestiert sich in immer wiederkehrenden Aktivitäten wie gemeinsamen Besprechungen und Workshops. Der Kunde erlebt nun, dass jeweils einer der Partner die „Führung beim Kunden" hat und sich der andere Partner im eigentlichen Prozess unterordnet.
- Die **echte Partnerschaft** untermauert die Kooperation zusätzlich durch eine enge, produkttechnische Verzahnung. Partner erlauben sich gegenseitig, die jeweiligen Produkte unter der eigenen Marke und im eigenen Namen zu vermarkten. Markt - und produktstrategische Analysen und deren Umsetzung stehen bei der gemeinsamen Produktentwicklung im Vordergrund. Gemeinsam definiert man Markt- und Kundensegmente, die von den gemeinsam entwickelten Produkten adressiert werden können, teilt das Risiko einer Produktfehlentwicklung und das Know-how mit Blick auf den Markt. Beide Partner haben auf der exekutiven Managementebene einen Partner-Sponsor.

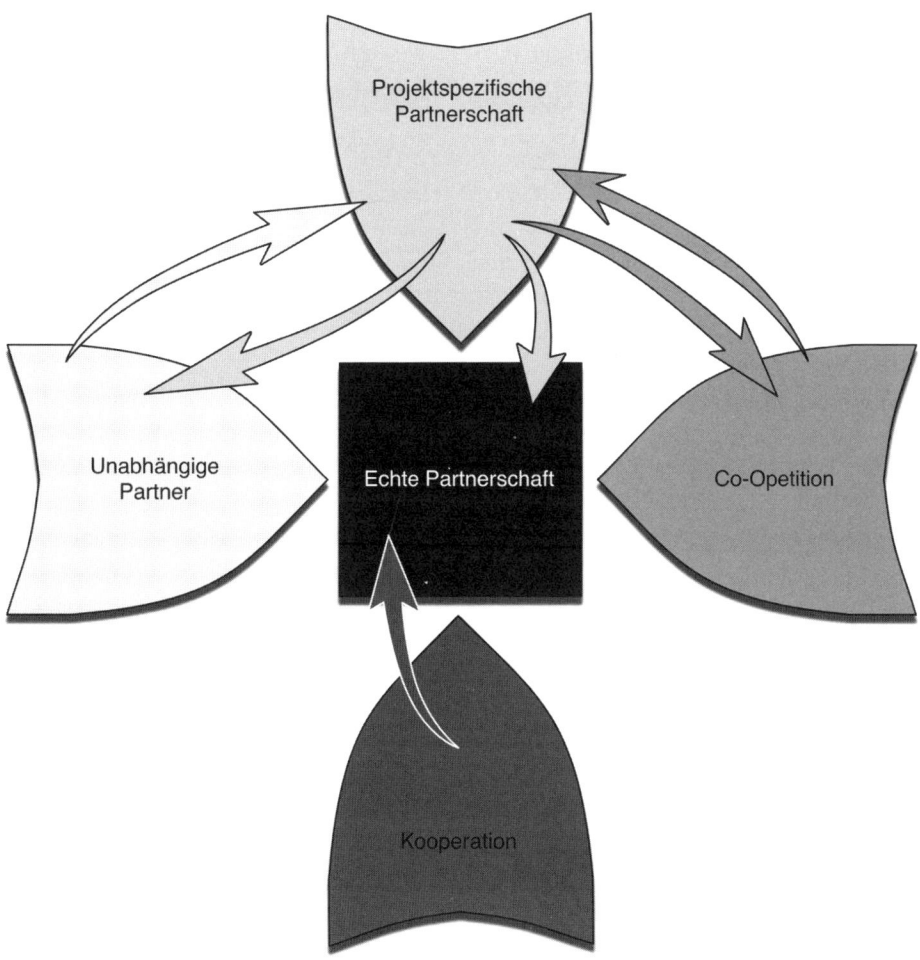

Abb. 17 Partnermodelle

Jedes gewählte Partnerschaftsmodell kann zu einem anderen Modell wechseln (vgl. Abb. 17). Dabei zeigt sich aber in der Praxis ein immer wiederkehrendes Muster. Ein bisher unabhängig agierender Partner wird sich nicht zur engen „echten Produktpartnerschaft" bewegen lassen. Vielmehr wird der Weg für ihn über eine Vertiefung von „projektspezifischen" zur „echten Produktpartnerschaft" führen.

Das Gleiche gilt für das Modell der Co-Opetition. Man wird sich vorsichtig und behutsam in den ersten Projekten bewegen, da noch immer ein Gefühl der Unsicherheit und des Zweifels vorhanden ist, ein Wagnis einzugehen. Der Sprung von der Co-Opetion zur Kooperation ist ebenfalls denkbar, nur beruht eine solche Entwicklung weniger auf organisch Gewachsenem, sondern zumeist auf einer „tragischen Markt - und Unternehmenssituation" bei jeweils einem der Partner.

Partnerkategorien
Es gibt verschiedene Partnerkategorien. Zumeist unterscheiden Unternehmen die folgenden Partnerschaften:

- **OEM (Original Equipment Manufacturer):** OEM bezieht Produkte oder Teile von Produkten in seine eigene Produkttechnologie ein
- **ISV (Independent Software Vendors):** ISV bezieht Softwareprodukte in die eigenen Softwareprodukte mit ein und betreibt den Wiederverkauf
- **SI (Systems or Solution Integrators) oder SI +:** SI entwickelt Lösungen, „bundled" neue Produkte durch Zusammenführung von Produkten und Dienstleistungen und betreibt Wiederverkauf
- **ASP (Application Service Provider):** ASP betreibt die technologische Plattform für seine Kunden
- **Distributor & VAR (Value Added Reseller):** Distributor verkauft die Produktlinie oder nur einzelner Produkte weiter, ohne sie zu verändern. VAR verkauft Produkte mit Ergänzungen aus dem eigenen und 3rd Party Produkt - und Dienstleistungsportfolio weiter
- **Global and Strategic Account:** Global and Strategic Account übernehmen nicht selten als global agierende Unternehmen durch ihre Omnipräsenz und ihr technolgisches Know-how die Funktionen eines der oben genannten Partnertypen

OEM (Original Equipment Manufacturer) beispielsweise ein Softwareunternehmen, das Ihre Technologie in die eigene Produktlinie einbezieht zum Zwecke der Weitervermarktung. OEM erlangen zumeist das Recht, diese eingebettete Technologie unter der eigenen Marke zu vermarkten. Einige Unternehmen bestehen allerdings darauf, dass die „eingebettete Technologie" mit dem Zusatz „powered by . . ." versehen wird. Der OEM benutzt hierfür seine eigenen AGBs, Verträge. Einige Unternehmen, deren Produkte „oem't" werden, bestehen zudem darauf, dass sie über Verkäufe informiert werden, auch um die Lizenzen nachverfolgen zu können. Der OEM muss sich zudem verpflichten, bestimmte „Trainingsschedules" regelmäßig durchzuführen und entsprechende Ressourcen vorrätig zu halten.

ISV (Independent Software Vendor) beispielsweise Softwareunternehmen, die Ihre Technologie gesamt oder in Teilen weiterverkaufen. Die Marke Ihres Unternehmens bleibt erhalten. In einigen Fällen bekommt der ISV auch den „Sourcecode" der Software, dies zumeist aber nur, wenn sich der ISV dazu bereit erklärt, das Unternehmen über alle Verkäufe zu unterrichten. ISV sollten die Fähigkeit haben, entsprechende Services vorrätig zu halten, und verpflichtet sein, an regelmäßigen Trainings teilzunehmen.

Distributor & VAR Ein Wiederverkäufer Ihrer Produkte oder Produktlinie, der zumeist einen Fokus in einer speziellen Marktnische besitzt oder territorial eine Vormachtstellung in einem Markt hat. Er wird zumeist aufgebaut, wenn die eigene Vertriebsorganisation zu schwach ist, das gesamte Marktpotential auszuschöpfen. Er verpflichtet sich, einen Großteil der Support- und Serviceleistungen auf eigene Rechnung zu stellen.

SIs Systems und Solutions Integratoren sind in erster Linie Serviceanbieter, die um Ihre Produkte herum spezielle eigene Dienstleistungen in der Form des sog. „Customizing" anbieten und nicht selten eigene, sehr spezielle selbstentwickelte Produkte mit verkaufen. Typischerweise werden SIs im Verlauf der Zeit zu Distributoren, was damit auch das Recht des Weiterverkaufs von Produkten und Software-Lizenzen mit einschließt. Durch ihren hohen Dienstleistungs- und „Customizing"-Fokus sind es die SIs, die zumeist einen erheblichen Einfluss auf den Markt haben. Sie sind auf bestimmte vertikale Märkte spezialisiert und verfügen über die Fähigkeit, Projekte mit vielen Partnern in einem Projekt zu managen.

ASP (Application Service Provider) sind Unternehmen, die dem Kunden sogenannte „offsite management"-Leistungen für jegliche Art von Anwendung anbieten. ASPs sind daran interessiert, den Betrieb und die Wartung der Technologie für viele Kunden an eigenen Standorten zu managen und dadurch Betriebsgrößeneffekte zu realisieren und trotzdem ein gewisses „Customizing" zuzulassen. D. h. das theoretische Konzept hinter einem ASP besteht darin, auf einer technologischen Plattform bestimmte Geschäftsprozesse abzubilden und diese Leistung zahlreichen Kunden anzubieten.

Andere Partner wären etwa **Venture Capitalists** (VC) oder sogenannte **„Cyber Cities"**, Trainingsunternehmen (incl. eLearning) etc. Die VCs unterliegen aber einem eher auf Basis von Unternehmensbeteiligungen definierten Konstrukt und entsprechen weniger einer Partnerschaft. Nur wenige VCs sind in der Lage, eine Struktur im Portfolio zu schaffen, die über die Rendite hinausgeht und partnerschaftliche Strukturen schafft. Trainingsunternehmen sind zumeist nach außen hin unabhängig von Produktherstellern, allerdings unterliegen sie nicht selten den Zertifikatsnachweisen der Hersteller. Trainingsunternehmen sind in den meisten Fällen als „Erfüllungs- bzw. Kooperationspartner anzusehen". Einen enormen Mehrwert liefern diese Trainingsinstitute aber insbesondere in den Bereichen Produktentwicklung, wenn es um Benutzerfreundlichkeit geht. Nicht zuletzt ist auch immer wieder das Gespräch mit den Trainern zu suchen, um schnell Informationen über Marktentwicklungen, Branchentrends zu erfahren.

Mischungen von Partnerkategorien sollten nicht ausgeschlossen werden, vor allen Dingen nicht durch die organisatorische Struktur im eigenen Unternehmen, das womöglich eine „Partnerabteilung" für die „OEMs", eine andere für die „VARs" und wieder eine andere Abteilung für die SIs unterhält.

Fazit & Erkenntnis

Die verschiedenen Partnertypenmodelle erlauben eine schnelle Partnerkategorisierung. Mischformen sind möglich, nur machen sie es, insbesondere bei sehr vielen zu verwaltenden Partnern im Nachhinein, sehr schwierig, ein adäquates und effizientes Partnermanagement aufzubauen und zu pflegen und ggf. schnell strukturelle Entscheidungen wie eine veränderte Preispolitik durchzusetzen. Letztlich ist es wichtig, die Partner einer entsprechenden Kategorie zu zuordnen und den Entwicklungspfad, den die Partnerschaft dann gehen soll, festzuhalten – von der Kooperation zur echten Partnerschaft oder von einer losen Partnerschaft über eine projektspezifische Partnerschaft zu einer echten Partnerschaft.

Schritt 6: Den „idealen" Partner beschreiben

Ziel ist es, über den Partner den Umsatz zu steigern. Weitere Ziele können sein, die Kosten pro Umsatzeinheit im Vergleich zum direkten Verkauf zu reduzieren, Marktzugang zum Randmarkt sicherzustellen, bevor der Randmarkt sich den eigenen Zielmarkt einverleibt, Kunden zu halten, in dem man das eigene Portfolio über Partnerprodukte erweitert und dadurch das Kundenpotenzial besser ausgeschöpft wird, den Partner besser kennenzulernen bevor man ihn kauft, die Marktbekanntheit durch Partnerschaften zu erweitern etc.

Um den „idealen Partner" zu definieren (vgl. das Beispiel in Tab. 3), ist es notwendig, die Randmärkte zu identifizieren, die am vielversprechendsten sind. Dann beginnt man mit der Beschreibung des Partners pro Wertschöpfungsaktivität.

Tab. 3 Beispiel eines idealen Partners

	Beschreibung „idealer Partner"
Leitlinie, Mission „Wer sind wir?", „Was machen Wir?"	Partner bekennt sich zu seinem Markt und den Bedürfnissen der bestehenden und neuen Kunden
Vision, Unternehmensstrategie	Partner schließt Partnerschaften nicht aus, wie etwa durch Worthülsen wie „aus eigener Kraft" etc
Unternehmerische Situation	Unternehmen hat mindestens ___ Mitarbeiter, davon in DACH: __, EUROPA:__, Nord-Amerika:__, Süd-Amerika:__, Asien:__, macht mindestens ___ Umsatz, wird im Markt (Foren und sonstige Internet-Portale) als verlässlich beschrieben, hat eine gesunde Bonität und eine über die letzten 3 Jahre positive Geschäftsentwicklungen gezeigt
Management & Gesellschafter	Ist eine Gesellschaft, deren Anteile mehrheitlich vom Gründer gehalten werden. Die Geschäftsführung ist ebenfalls am Unternehmen beteiligt. Die Geschäftsleitung besteht aus max. 6 Mitgliedern, die im Durchschnitt nicht kürzer als 2 Jahre im Unternehmen tätig sind
Organisation	Das Unternehmen hat eine klassische Unternehmensstruktur, wobei Verkauf, Service & Support von jeweils einem Geschäftsführungsmitglied verantwortet werden

Tab. 3 (Fortsetzung)

	Beschreibung „idealer Partner"
Produktpolitik, Produktentwicklung und Produktion	Das Unternehmen hat einen hohen Innovationsgrad und veröffentlicht neue Produkte und neue „Features" zu den vorher genannten Zeiten
Kunden, Zielkunden	Das Unternehmen ist branchenweit tätig, ohne branchenspezifische Anwendungen. Die Kunden empfehlen das Unternehmen regelmäßig weiter.
	Unternehmensumsatz verteilt sich zu 20 % im oberen Top-100-Segment, zu 60 % im Mittelstandssegment und zu 20 % auf Kunden im Kleinkundensegment. Die Vertriebsmitarbeiter sind zumeist schon längere Jahre für das Unternehmen tätig
Distributionspolitik	Das Unternehmen unterhält bereits Produkt- und Vertriebspartnerschaften zu Unternehmen, die nicht mit uns im Wettbewerb stehen. Der Hauptumsatz wird mit dem direkten Verkauf gemacht. Das Neugeschäft macht in der Regel 20 % vom Umsatz aus
Preispolitik	Der Partner gilt als preissensitiv und ist zögerlich mit Discounts
Servicepolitik	Die Service- und Support-Mitarbeiter genießen einen guten Ruf bei den eigenen Kunden
Finanzen	Es wird ein sehr hoher Wert auf das betriebliche Monitoring gelegt
Personal	Das Personalmanagement legt großen Wert auf die innerbetriebliche Kommunikationskultur und die persönliche Weiterentwicklungen
IT	Die IT entspricht dem marktüblichen Standard

Fazit & Erkenntnis

Man kann sich die Mühe machen und für jede Partnerkategorie eine Partnerleitlinie zu erstellen. In den meisten Fällen reicht aus pragmatischen Gründen aber eine Leitlinie aus, um entsprechend der eigenen Strategie den richtigen Partner zu definieren. Ein solches Leitbild ist insbesondere hilfreich, wenn es darum geht, die Risiken der ausgewählten Partner im Auge zu behalten.

Schritt 7: Die Sicht der Kunden und möglicher Partner auf den Markt kennen

Überträgt man nun die Player in einem Markt in die weiter oben vorgestellte Abbildung, dann ergeben sich bei Analyse der Veröffentlichungen auch Entwicklungen, die einerseits zeigen, wie die Marktteilnehmer die diversen Randmärkte und andererseits ihr Potenzial betrachten.

Eine solche Marktübersicht verlangt, dass man aus der Kundenbedarfssicht heraus den gesamten Markt beschreibt und sich nicht nur auf seine Sichtweise verlässt. Der Kunde hat immer einen größeren Kontext als der Lieferant, der nur einen Teil zur Bedarfslösung beiträgt.

Um zu der Kundensicht auf den Markt zu gelangen, kann man einfach Well-Visits bei Kunden machen und den Kontext erfragen. Zumeist reicht es aber aus, ein oder zwei komplexe Kundenprojekte aus der nahen Vergangenheit zu betrachten, um so über die Schnittstellen zu den anderen Lösungsbestandteilen zu gelangen und daraus die Bedeutung einzelner Produkte zu definieren.

In Bezug auf den CRM-Markt kann sich beispielsweise eine Sichtweise wie in Abb. 18 dargestellt ergeben:

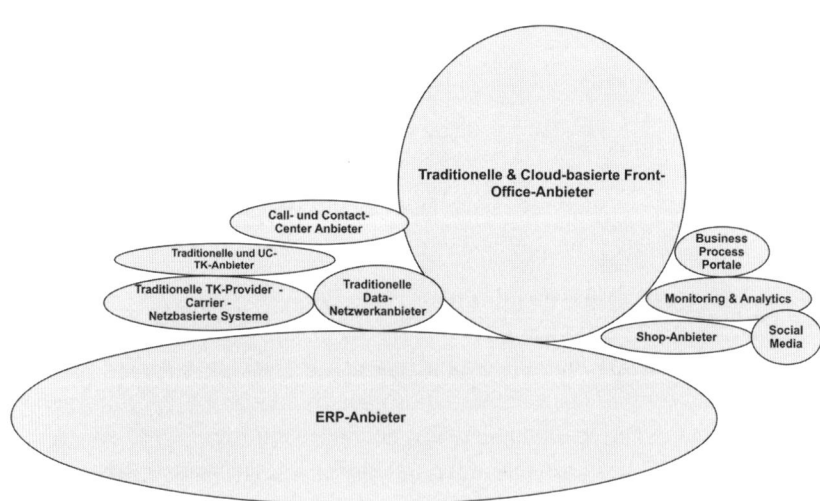

Abb. 18 Beispiel für eine Kundensicht auf den CRM-Markt

Was die Entwicklung betrifft, so geht ein Kunde in der Regel immer von Konsolidierung aus. Die Frage ist nur, wo am ehesten Konsolidierungen auftreten (vgl. Abb. 19).

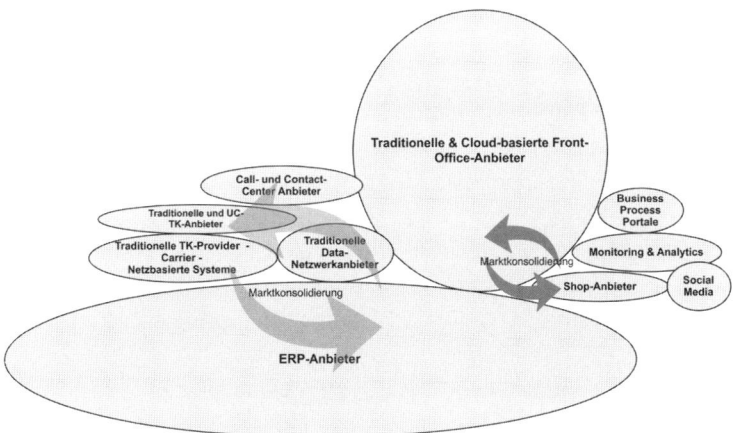

Abb. 19 Beispiel einer Kundensicht auf Entwicklungen im CRM-Markt

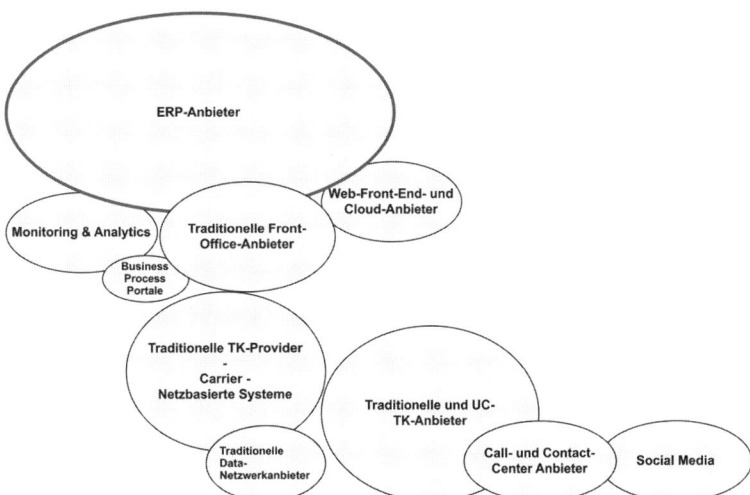

Abb. 20 CRM-Markt aus Sicht eines ERP-Herstellers

Ein ERP-Anbieter würde beispielsweise den Markt etwa wie in Abb. 20 dargestellt beschreiben:

Der ERP-Anbieter sieht die in Abb. 21 dargestellten Entwicklungen im Markt.

Der gleiche Markt aus Sicht eines Anbieters für Social-Media-Tools dagegen sieht in etwa wie in Abb. 22 dargestellt aus:

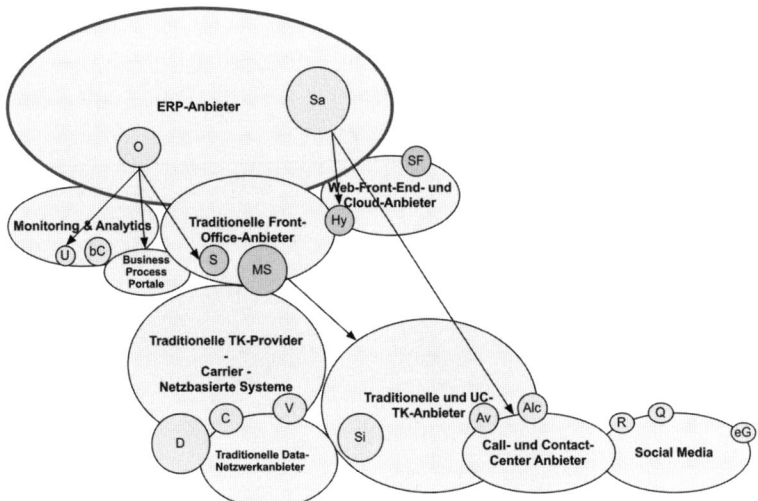

Abb. 21 Sicht eines ERP-Anbieters auf den CRM-Markt und Entwicklungen

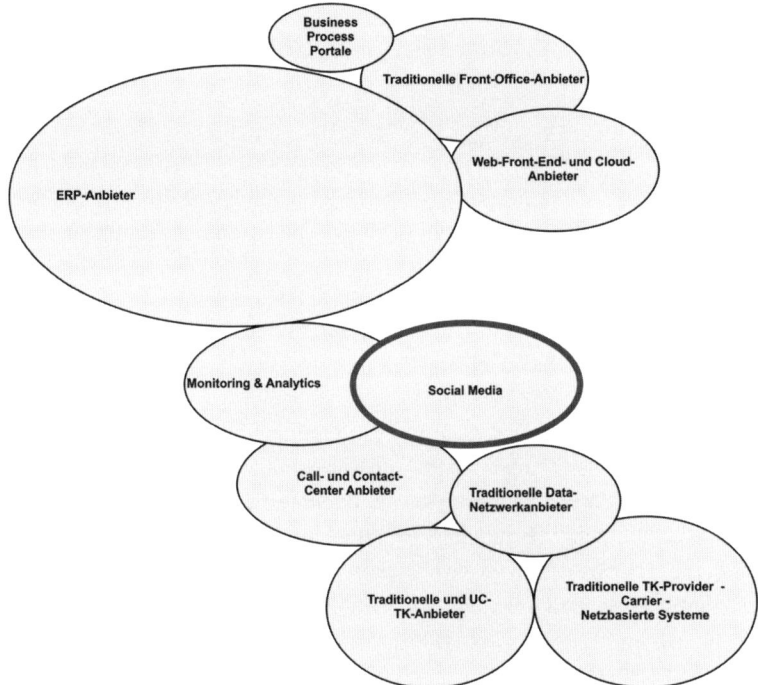

Abb. 22 Sicht eines Social-Media-Tool-Providers auf den CRM-Markt

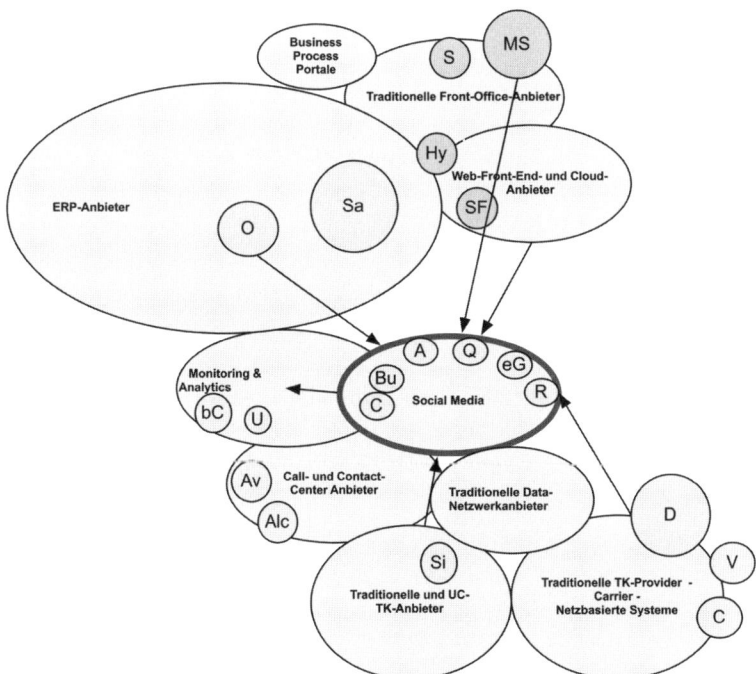

Abb. 23 Sicht eines Social-Media-Tool-Anbieters auf Entwicklungen im CRM-Markt

Der mögliche Partner, ein Social-Media-Softwarehersteller, betrachtet die Entwicklungen aus seiner Perspektive wiederum ganz anders (vgl. Abb. 23). Aufgrund der Natur seiner Lösung wird er vor allen Dingen die Nähe zu Carrier und zu CRM-, Monitoring- und Analytic-Softwareherstellern sowie Call- und Contact-Center-Lieferanten suchen. Gerade zu Beginn des Social-Media-Hypes wollte der Kunde eigentlich eine Lösung seines „Social-Media-Themas" und das eben nicht nur technisch, sondern auch organisatorisch und inhaltlich. Aus Sicht der Kunden waren deshalb die Hauptansprechpartner für das Thema die großen PR- und Marketing-, die Online-Marketing-Agenturen, die allerdings wenig Kontakt zu den Social-Media-Softwareanbietern hatten und aus der Sicht der Social-Media-Vendors überhaupt keine Marktteilnehmer waren.

Wenn es nun darum geht, die möglichen Partner zu positionieren, dann muss man sich bewusst sein, wie nah aus der Sicht des Kunden andere Produktmärkte gesehen werden. Es macht schlichtweg keinen Sinn, als Social-Media-Anbieter die Nähe zu Call-Center-Herstellern zu suchen. Für die Call-und Contact-Center-Lieferanten sind verschiedene Social Media-Interaktionen lediglich Routing-Elemente. Der Mehrwert eines Social-Media-Lieferanten liegt in Partnerschaften zu Online-Shop-, Monitoring-Lieferanten oder eben großen externen Media-Agenturen. Es ist der Kunde, der die interessanten Randmärkte definiert, was wiederum bedeutet, sich in Bezug auf die Positionierung möglicher Partner von der eigenen Sichtweise auf den Markt zu lösen.

Schritt 8: Ziel- und Randmärkte erkennen und definieren

Je näher der Randmarkt zum eigenen Zielmarkt steht, um so größer ist die Chance, erfolgreiche Partnerschaften aufzubauen (vgl. Abb. 24).

Selten funktioniert ein Brückenschlag, wenn beispielsweise ein Carrier keine TK-Anlage im Portfolio anbietet und trotzdem ein Call-Center in der Cloud anbieten will, oder ein Social-Media-Anbieter mit einem ERP-Anbieter „partnern" will. Der oben markierte Ziel-korridor soll beispielsweise aufzeigen, in welchem Bereich sich der Zielkorridor sich für einen CRM-Anbieter befindet, in dem er auch erfolgversprechende Partner finden kann. Die Kreise markieren die für ihn relevanten Randmärkte, die es nun im Hinblick auf die „Player" zu analysieren gilt.

Man kann große Entfernungen zu „weit entfernten" Randmärkten auch durch enorme Marketinganstrengungen überwinden, in dem man über die bestehenden Kunden einen Druck aufbaut. So hatte etwa Microsoft und die damaligen Microsoft-Integrationspartner keine wirklichen Erfahrungen im Bereich der Telefonie und doch hat es Microsoft nach großen Anfangsschwierigkeiten geschafft, das Lync-Produkt als Telefonie-Plattform bei vielen seiner Kunden zu verankern und den von Microsoft gesehenen Randmarkt der Te-lefonie erfolgreich zu adressieren. Dies sind aber Ausnahmen und deren Erfolg beruht letztlich auf den bestehenden Kunden und der dortigen Omnipräsenz. Verfügt man nicht über diese Omnipräsenz und nicht über eine Kapitalstärke, die es erlaubt, eine solche „Strecke" zu überwinden, benötigt man eben Partner, deren Randmärkte nahe am eigenen Zielmarkt liegen. In dem Fall überprüft man die Überlappung des eigenen Produkt - und

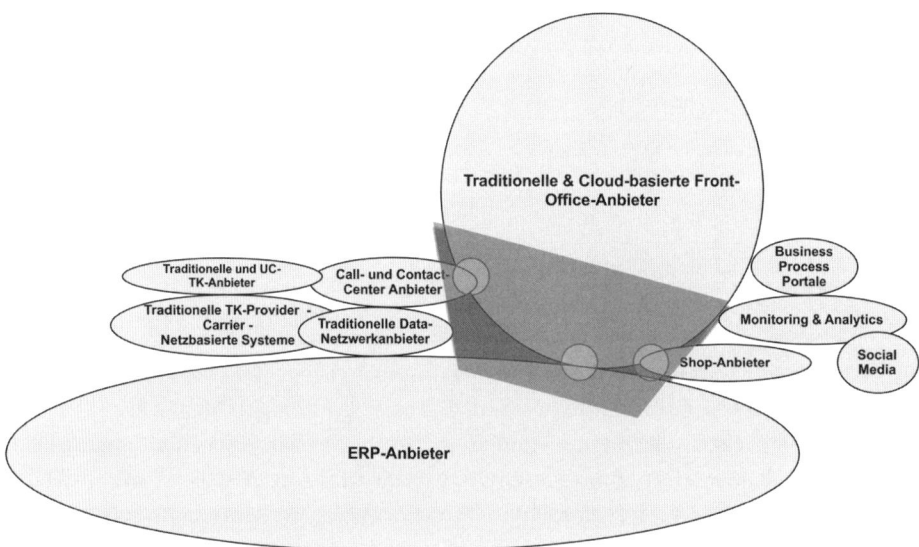

Abb. 24 Randmärkte und Player

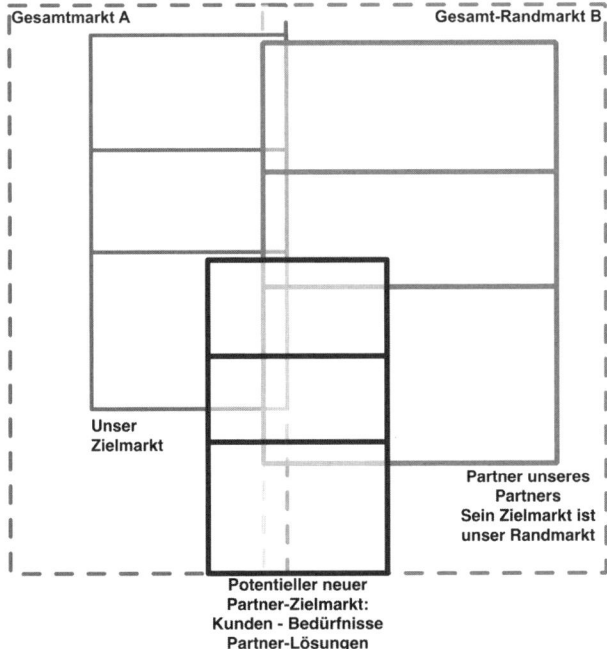

Abb. 25 Gesamt- und Zielmarkt aus Sicht des eigenen Unternehmens und möglicher Partner

Leistungsportfolios und seines Zielmarktes mit dem eines möglichen Partners aus dem Randmarkt. Dabei ergeben sich notwendiger Weise Überlappungen, nach dem Motto „Machen wir auch". Wenn man dann nachfragt, kommen dann Antworten wie „Wir machen das etwas anders" und „Haben wir noch nicht so oft gemacht". Man darf sich nicht auf die Überlappung konzentrieren, sondern auf die Potenziale, die eben noch nicht durch das jeweilige Unternehmen adressiert wurden.

In Abb. 25 wird beispielhaft gezeigt, dass es zwar eine gewisse Überlappung gibt, aber durchaus auch Potenziale für eine Partnerschaft.

Für den Partnermanager bedeutet dies, die Randmärkte nicht nur nach potenziellen Partnern abzusuchen, sondern auch die Überlappung des Produkt - und Leistungsportfolios zu prüfen, um dann im nächsten Schritt die gemeinsamen Potenziale zu identifizieren.

Fazit & Erkenntnis

Mögliche Partner, insbesondere in den aus unserer Sicht bestehenden Randmärkten, sehen den Gesamtmarkt komplett anders. Es ist wichtig zu verstehen, wie der Markt von dem jeweiligen Partner betrachtet wird und welche Bedeutung der Partner Ihnen beimisst. Ein Partner, der unser Marktsegment nicht in unmittelbarer Nähe zu seinem eigenen Markt sieht, wird schwer zu überzeugen sein. Allenfalls Kooperationen oder „unabhängige" Partnerschaften spielen hier eine Rolle. Die Frage ist dann, wie viel

Zeit und Ressourcen man als eigenes Unternehmen in die „Evangelisierung" einer solchen Partnerschaft investieren will. Ausschlaggebend ist die Sicht des Kunden auf den Markt. Aus dieser Kundensicht wird deutlich, wie nahe der eigene Zielmarkt und die Randmärkte sind.

Schritt 9: Relevante Gründe für die Partnerschaft benennen

Im nächsten Schritt werden die potenziellen Gründe aufgeführt, die ein Partner in dem jeweiligen Randmarkt haben könnte, um eine Partnerschaft einzugehen, sprich, was das eigene Unternehmen und das Partnerunternehmen von der Partnerschaft haben. Dabei sind folgende Aspekte zu berücksichtigen:

* Verbesserung der kurzfristigen finanziellen Situation
* Imagegewinn und Erhöhung der Marktbekanntheit
* Höherer Ausschöpfungsgrad der Kundenpotenziale
* Längerfristige Kundenbindung
* Ergänzung des Lösungs- bzw. Leistungsportfolios
* Verbesserter bzw. leichterer Zugang zu regionalen Märkten
* Höhere Marktdurchdringung
* Etc.

Der wichtigste Grund ist immer der Grund, den der jeweilige Partner für sich selbst am deutlichsten vor Augen hat. Dabei sind es aber oftmals Gründe, die auf den ersten Blick gar nicht ins Auge springen oder greifbar sind, weil sich die jeweiligen Partnermanager nicht ausreichend genug mit dem jeweils anderen Unternehmen und seinem Zielmarkt beschäftigt haben. Aus pragmatischen Gründen reicht es aus, ein Unternehmen und sein Erfolg anhand von drei Elementen und der diesen Elementen inhärenten Dynamik zu beurteilen. Dies sind „Markt und Kunden", „Unternehmen-Struktur-Leistungsportfolio" und „Mitarbeiter". Abbildung 26 gibt hierfür ein Beispiel.

Letztlich kann man anhand dieser drei Elemente überprüfen, wie der Partner aus seiner Situation den anderen Partner und seinen Markt sieht. Diese einfache Sicht auf eine Partnerschaft und der Kernelemente – Markt, Kunde und Unternehmen und Mitarbeiter – erlaubt es, auch aus bisherigen Veröffentlichungen sehr viel abzuleiten, um zu einer ersten Vorauswahl der Partner zu gelangen.

Eine vollkommene Deckungsgleichheit bei allen drei Aspekten wäre für eine Partnerschaft nicht zielführend. Deckungsgleichheit wäre allenfalls interessant bei Übernahmen oder Fusionen – nicht aber im Partnergeschäft. Wenn wir ein Unternehmen mit einer hohen Mitarbeiterfluktuation sind und der Partner dahingehend als stabil zu bezeichnen ist, kann dies für eine Vertriebs- und Servicepartnerschaft erfolgversprechend sein. Wenn die Prozesse im Partnerunternehmen sehr komplex und langatmig sind, dann kann eine schlanke

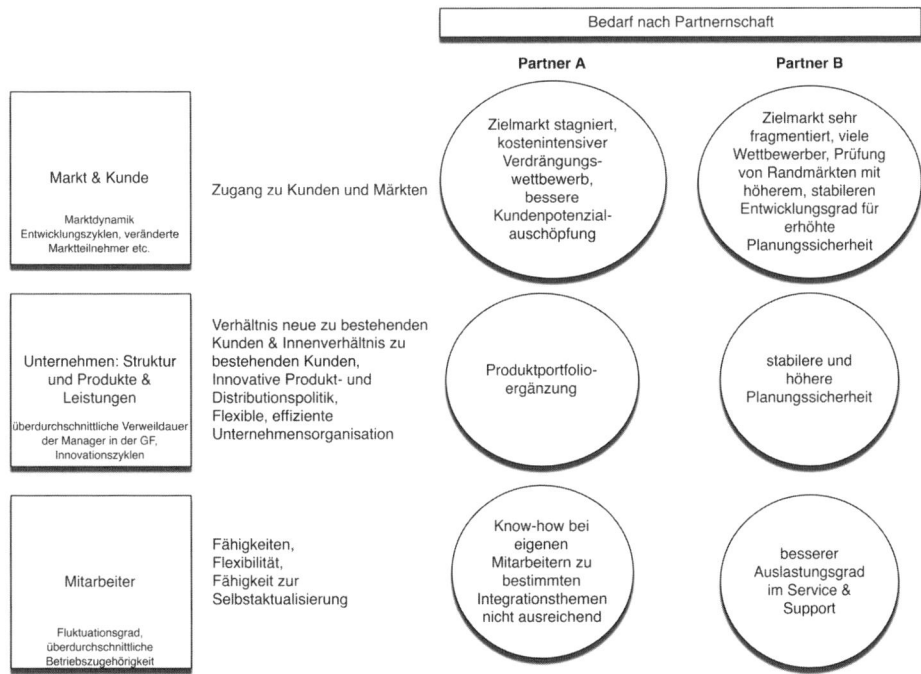

Abb. 26 Einfache Partnerauswahlanalyse

Ablauforganisation in unserem Unternehmen dem Partner helfen, schneller am Markt zu agieren.

Es geht in dieser Phase nicht darum, die wirklichen Abweichung im Detail zu definieren, sondern diesen Vergleich eher als eine handgemachte „Vorstudie" für die später folgende Ansprache des potenziellen Partners zu betrachten und trotzdem so viele Erkenntnisse zu gewinnen, um die Partner vorzuselektieren (vgl. Abb. 27).

Viele hierfür notwendige Informationen bekommen Sie von Kunden (z. B. Referenzkunden), aus Veröffentlichungen des Unternehmens, Interviews der Top-Manager in der Fachpresse etc. Interpretieren Sie und machen Sie sich Ihre eigenen Gedanken zu den „Gründen im Hintergrund". Dabei werden Sie neben den von Ihnen „entdeckten" Gründen auch feststellen, dass Sie unbeabsichtigt sehr viele Fragen aufwerfen, die in einem Gespräch als Gesprächsführungsmittel hervorragend genutzt werden können und die es Ihnen auch erleichtern, einen schnelleren Zugang zum Top-Management des potenziellen Partnerunternehmens zu bekommen. Der Partnermanager Ihres Gegenübers wird überrascht sein, wenn Sie einen Termin mit der Personalabteilungen oder dem Marketing oder der Logistik wahrnehmen möchten. Es sind Fragen, die Ihnen das Netzwerk des möglichen Partnerunternehmens öffnen.

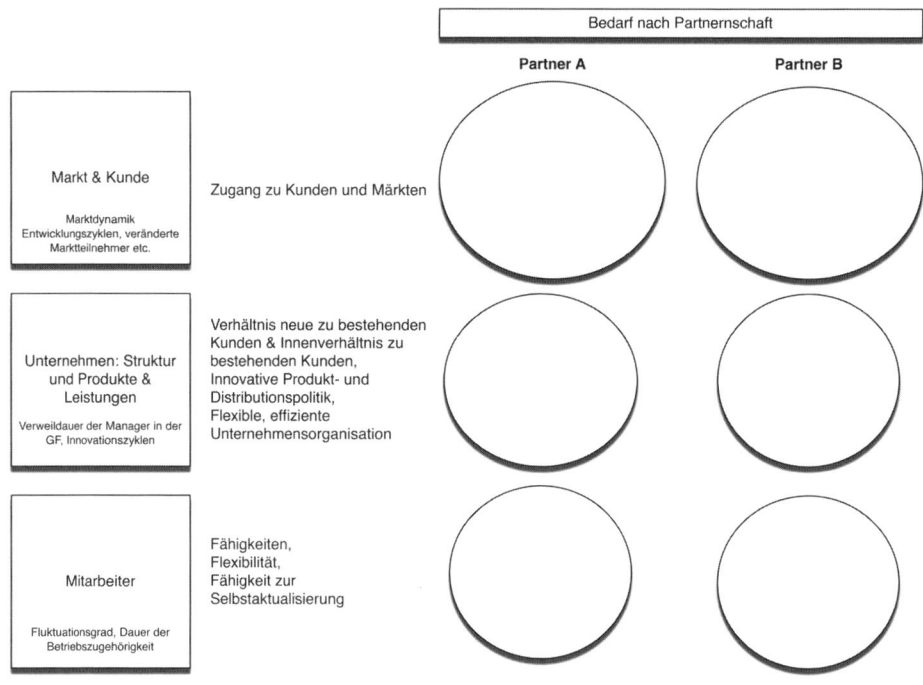

Abb. 27 Analyse – Einfache Partnerauswahlanalyse

Fazit & Erkenntnis

Drei Aspekte im Vergleich – Markt & Kunde, Unternehmen & Struktur & Leistung, Mitarbeiter – zeigen auf, wo massive Unterschiede in einer möglichen Partnerschaft liegen, die im laufenden Partnerschaftsbetrieb immer wieder zu Reibungsverlusten führen können. In der Vorselektion ist es lediglich nötig, diese drei Aspekte zu überprüfen.

Schritt 10: Partner erkennen, die wirkliche Mehrwerte schaffen

Wenn der eigene Zielmarkt und die Randmärkte und die „Player" bekannt sind, so reduziert sich die Zahl der möglichen Partnerschaften relativ schnell, insbesondere vor dem Hintergrund des „Cultural Fit" und den Vermutungen zur langfristigen „Tragfähigkeit" der Partnerschaft.

Je nach Fokus, den das Unternehmen mit der Partnerschaft erreichen will, ist deshalb zu fragen, wie sich die mögliche Partnerschaft im Unternehmen auf die eigene Wertschöpfung niederschlägt. Eine Vertriebspartnerschaft kann zwar den Umsatz im Verkauf erhöhen, aber Logistik-, Service-, Support- und Marketingkosten in die Höhe treiben (vgl. Abb. 28).

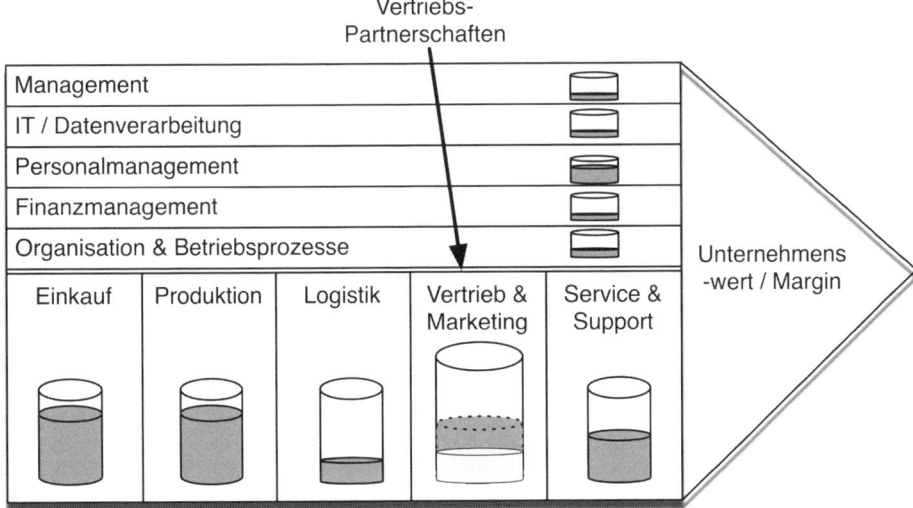

Abb. 28 Wertschöpfung und Vertriebspartnerschaft

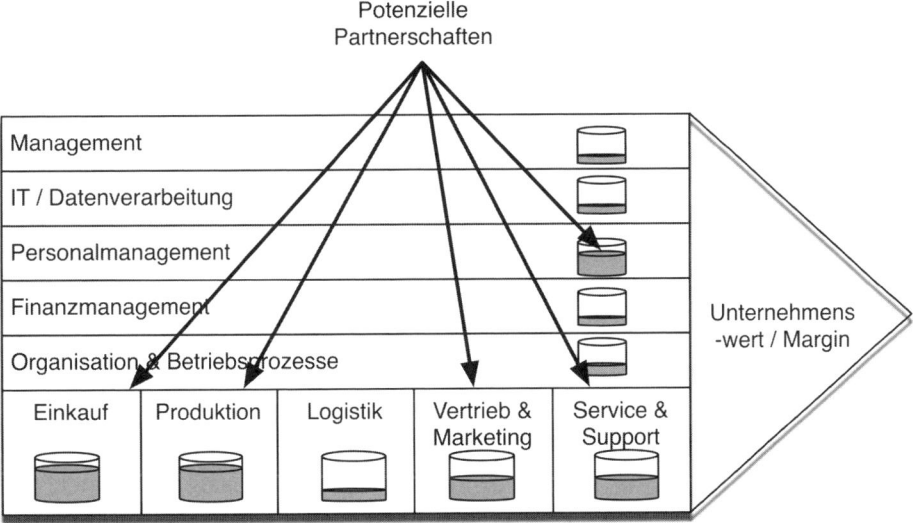

Abb. 29 Auswirkungen potenzieller Partnerschaften auf die eigene Wertschöpfung

Das mag sogar Sinn machen, wenn 1. die Kosten pro Umsatzeinheit niedriger sind als zuvor oder 2. man durchaus gewillt ist, diesen Weg zu gehen, wenn es der Marktdurchdringung oder Marktentwicklung dient. Aber angesichts der heutigen durchschnittlichen Finanz-Zielplanungen von max. 2 Jahren bedarf es dafür allerdings einer enormen Kapitalstärke und verständnisvoller Gesellschafter. Potenzielle Partnerschaften wirken sich in der Regel auf alle Wertaktivitäten im Unternehmen aus – mal mehr, mal weniger (vgl. Abb. 29).

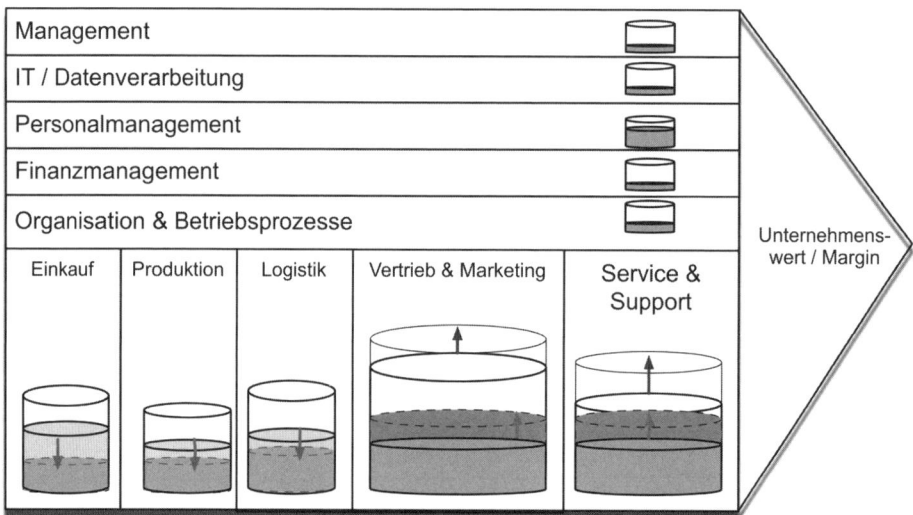

Abb. 30 Auswirkungen Vertriebspartnerschaft auf die eigene Wertschöpfung

Eine Vertriebspartnerschaft wird etwa Auswirkungen wie in Abb. 30 dargestellt nach sich ziehen, wobei der untere, gestrichelte Silo immer die Kostenseite darstellt:

Skaleneffekte entstehen, wenn beispielsweise der Einkauf größere Massen zu höheren Discounts einkaufen kann. Betriebsgrößeneffekt wirken ebenso positiv auf die Produktions- und Logistikkosten. Der Verkauf erlebt eine Umsatzsteigerung und leicht erhöhte Kosten, bedingt durch Vertriebsschulungen, erhöhte Marketingaufwände etc. Das Gleiche werden Service und Support zu verzeichnen haben.

In diesem Schritt ist deshalb zu prüfen, wie sich eine Partnerschaft mit dem „möglichen Partner" auf die eigene Wertschöpfung auswirken wird. Auch hier geht es lediglich um Annahmen und Vermutungen. Auch wird eine solche erste Wertschöpfungsanalyse nur mit den ersten drei priorisierten Partnern durchgeführt.

Abbildung 31 zeigt beispielhaft auf, wo der Effekt der Partnerschaft am höchsten ist, wenn es darum geht, die möglichen Partner in der eigenen Wertschöpfung zu positionieren.. Dabei symbolisiert die Größe des Kreises die Größe des positivsten Effekts des jeweiligen Partners in diesem Bereich.

Fazit & Erkenntnis

Für die am höchsten priorisierten Partner zeigt die Wertschöpfungsanalyse, welche Aus- wirkungen die jeweilige Partnerschaft auf das eigene Unternehmen hat. Diese einfache Übersicht stellt zudem sicher, dass eben nicht nur ein Aspekt der Wertaktivitäten, wie in den meisten Fällen der Verkauf, beleuchtet wird, sondern letztlich alle – primäre und sekundäre – Wertschöpfungsaktivitäten im eigenen Haus.

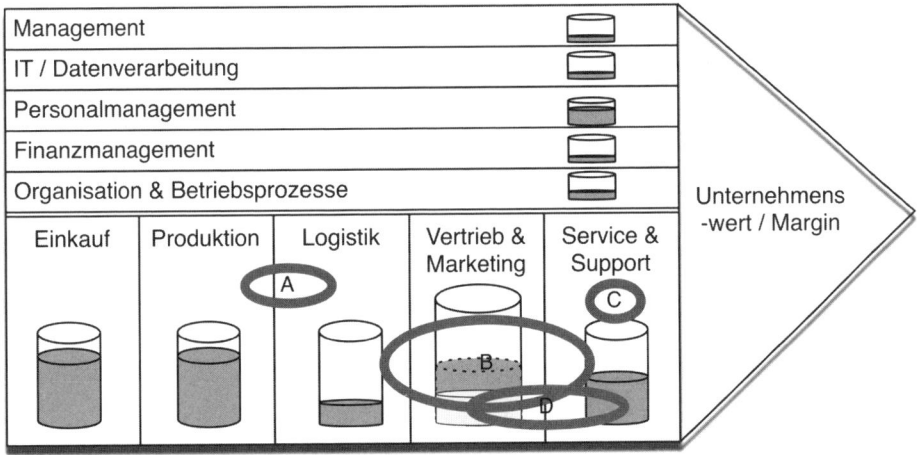

Abb. 31 Auswirkungen verschiedener Partner auf die eigene Wertschöpfung

Schritt 11: Risiken potenzieller Partner für das eigene Unternehmen identifizieren

Bis zum jetzigen Zeitpunkt werden mögliche Partnerschaften zumeist positiv betrachtet, wenn auch die Recherchen bereits einige „offene" Fragen offenbart haben, die selbstverständlich für jeden einzelnen potenziellen Partner unterschiedlich sein können. Je mehr sich der Partnermanager mit den verschiedenen Partnern in den diversen Randmärkten beschäftigt, umso genauer wird das Bild, was einerseits Chancen und Risiken und andererseits Stärken und Schwächen betrifft (vgl. Abb. 32).

Es sind Fragen wie die folgenden, die in die Strength-Weakness-Opportunity-Threat-Analyse (kurz SWOT- Analyse) eingehen:

Fragen
- Verkauft der Partner auch andere Produkte als die eigenen und wie groß ist der Erfolg?
- Verfügt er über eine eigene Vertriebsmannschaft und entsprechend eigene Service- und Support-Mitarbeiter?
- Lässt sich vermuten, dass der Partner über spezifisches Beratungs- und Integrations-Know-how verfügt?
- Auf welchen Ziel- bzw. Kernmarkt konzentriert sich der Partner und sind diese Märkte eher dynamisch, stabil oder stagnierend einzustufen?
- Hat der Partner einen Nischenfokus in seinem Markt?
- Ist der Partner „Business"- oder eher „Service"-Unit mässig organisiert?
- Ist der Überschneidungscharakter der Produkt - und Service-Portfolio zwischen uns und dem Partner eher groß oder eher klein?

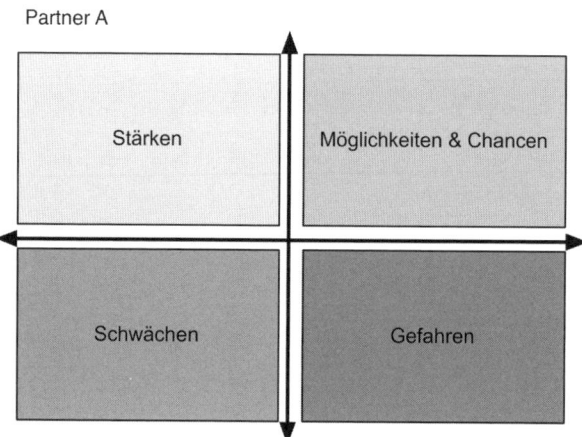

Abb. 32 SWOT-Analyse

- Hat der Partner in den letzten Jahren Produkt- oder Serviceneuheiten angekündigt und nicht realisiert?
- Unterhält der Partner eher langfristige Kundenbeziehungen oder nicht?
- Gibt es besonders zahlreiche negative Foren- und Blogeinträge über den Partner im Netz?
- Welche Partnerschaften unterhält der anvisierte Partner noch?
- Wie lange ist das Senior-Management im Unternehmen tätig?

Abbildung 33 soll deutlich machen, wie eine solche SWOT-Analyse aussehen könnte, beruhend auf Information, die der Partnermanager bisher lediglich aus sekundären Quellen gewonnen hat.

Das Beispiel macht auch deutlich, dass es sich hier um einen Partner handeln könnte, der eine gute ausgebaute lokale Präsenz in einem Land oder eine Region besitzt. Der Partner kann für unser Unternehmen als verlängerte „Werkbank" für Vertrieb und Service agieren.

Es ist die Aufgabe des Partnermanagers, für alle möglichen Partner den bisherigen Erkenntnisstand in eine eigene SWOT-Analyse zu übertragen. Zum jetzigen Zeitpunkt reichen ein paar Stichworte.

Interessanterweise zeigt die Praxis, dass die SWOT-Analysen, die zu diesem Zeitpunkt entstehen, die vielfach nur auf sekundären Informationsmaterialien beruhen und oft eher ein Bauchgefühl widerspiegeln, doch oft sehr, sehr nah an der Realität dran sind.

Auch bei dieser Aufgabenstellung, insbesondere bei den Themen „Schwächen" und „Gefahren", werden zahlreiche neue Fragen aufgeworfen, die ebenfalls dazu dienen, das Kontaktnetzwerk im Partnerunternehmen auf eine breite Basis zu stellen – ein Netzwerk, das unerlässlich sein wird, wenn die Partnerschaft „in Betrieb" geht.

Partner A

Stärken	Möglichkeiten & Chancen
umfassende Logistikfähigkeit, Vertriebsbreite für relevante Marktsegmente, liefert Vor-Ort-Service und Support in der geografischen Breite, verzeichnet stetiges Umsatzwachstum	Kostenreduktion in unserem Verkauf, Support und Service, Umsatzwachstum, Wir können neue Marktsegmente adressieren.
Schwächen	**Gefahren**
Know-how in Bezug auf unser Produkt und unseren Zielmarkt wenig ausgeprägt, dadurch Mehraufwände in Service and Support trotz Umsatzsteigerungen Wir sind einer von vielen Partnern und könnten nicht wahrgenommen werden	Partner bedient die neuen Segmente mit unserer Lösung aber "ohne uns" - indirekter Verlust des Kunden Partner kann mit Rückwärtsintegration auf Basis eines Wettbewerbsproduktes drohen

Abb. 33 Beispiel für eine SWOT-Analyse

Fazit & Erkenntnis

Auch die einfache SWOT-Analyse beruht auf Annahmen und Informationen, die nicht aus erster Hand stammen. Sie spiegeln ein Bauchgefühl wider, das es zu verifizieren lohnt, insbesondere was die Risiken betrifft. Sie liefern die Grundlage für einen umfassenden, späteren Besprechungsfragenkatalog mit dem Partner und seinen zahlreichen Organisationseinheiten; denn „wer fragt der führt".

Schritt 12: Gemeinsamkeiten und eklatante Unterschiede erkennen

Sind die Gemeinsamkeiten nicht groß genug, um massive Unterschiede und die zuvor eruierten Gefahren, Risiken und Schwächen auszugleichen, dann steht die Partnerschaft von vornherein auf sehr wackeligen Füßen.

Allein aus dem Leitbild (vgl. Tab. 4) lässt sich erkennen, wie einfach oder wie schwierig es werden könnte, mit diesem Unternehmen eine Partnerschaft aufzubauen.

Tragen Sie nun in Tab. 5 Ihre bisherigen Rechercheergebnisse ein und bewerten Sie diese anschließend in Bezug auf Ihr eigenes Unternehmen, also die Ergebnisse aus der Analyse zu den Auswirkungen einer Partnerschaft mit diesem Partner auf die eigene Wertschöpfung und die Erkenntnisse aus der SWOT-Analyse. Der Aspekte-Vergleich Markt-Unternehmen-Mitarbeiter ist implizit enthalten.

Dabei steht + + für völlige Übereinstimmung, + teilweise Übereinstimmung, aber nicht gravierend, +/- Unterschiede, aber man kann ggf. gegenseitig davon profitieren, – teilweise Unterschiede, aber überbrückbar, – gravierende Unterschiede.

Die bisher im Kopf des Partnermanagers vorhandene Prioritätenliste möglicher Partnerschaften verschiebt sich nach dieser Bewertung oftmals. Zugleich macht diese Übung beim ersten Mal deutlich, wie viele Informationen eigentlich noch immer über den jeweiligen Partner fehlen. Nicht zuletzt betrifft das oftmals den Partner mit der Prioritäten-Nummer 3, den man in der „geistigen" Prioritätenliste immer nach unten gesetzt hat. In jedem Fall zeichnet sich nach diesem Schritt in der Partnerselektion deutlich ab, mit wem man überhaupt in Gespräche zu einer Partnerschaft gehen und wen man sich ggf. „in der Hinterhand halten" möchte.

Fazit & Erkenntnis

Wertschöpfungsauswirkungen, einfache SWOT-Analyse und die drei Aspekte zum „Fit" – Markt, Unternehmen, Mitarbeiter – werden in dieser Gesamtsicht verdichtet und erlauben eine erste Priorisierung und damit die Vorauswahl des präferierten Partners. Dies dient dem Zweck, sich als Partnermanager nicht mit zu vielen Partnern gleichzeitig beschäftigen zu müssen, denn die Vorselektion ist noch nicht abgeschlossen. Außerdem liefern die bisherigen Übersichten und die im letzten Schritt erstellte tabellarische Ansicht ein argumentatives Rüstzeug für „unternehmensinterne Diskussionen", wer denn der richtige Partner sei.

Tab. 4 Unternehmensleitlinien – Aussage über mögliche Partnerschaften

Unternehmen	Zitat	Beispiel-Erkenntnis	Quelle
Deutsche Bahn	Wir sind ein weltweit führendes Mobilitäts- und Logistikunternehmen. Wir haben unser Unternehmen gemeinsam erfolgreich entwickelt und zukunftsfähig ausgerichtet. Wir treiben als integrierter Konzern mit unserer starken Eisenbahn als Herzstück die Weiterentwicklung von Mobilität und Logistik ständig voran – lokal, national, weltweit. Wir betreiben die Verkehrsnetzwerke der Zukunft und bewegen Menschen und Güter in durchgängigen Mobilitäts- und Logistikketten. Wir haben in unseren Geschäften international führende Marktpositionen erreicht	Schwierig eine Partnerschaft aufzubauen, man weiß, was man tut, aber nicht wo die Reise hingeht.	http://www.deutschebahn.com/file/2192512/data/konzernleitbild.pdf
BASF	We are „The Chemical Company" successfully operating in all major markets. Our customers view BASF as their partner of choice. Our innovative products, intelligent solutions and services make us the most competent worldwide supplier in the chemical industry. We generate a high return on assets. We strive for sustainable development. We welcome change as an opportunity. We, the employees of BASF, together ensure our success	Partnerschaften in geografischen Randmärkten erwünscht	http://www.basf-admixtures.com/en/aboutus/vision/Pages/default.aspx
Linde	Wir werden das weltweit führende Gase- und Engineeringunternehmen sein, dessen Mitarbeiter höchste Wertschätzung genießen und das innovative Lösungen bietet, die die Welt verändern. Unser Unternehmen zeichnet sich durch seine Vielfalt aus. Wir beschäftigen Mitarbeiter in	Partner sollte ebenfalls global aktiv arbeiten können	http://www.the-linde-group.com/de/about_the_linde_group/the_linde_spirit/index.html

Tab. 4 (Fortsetzung)

Unternehmen	Zitat	Beispiel-Erkenntnis	Quelle
	weltweit mehr als 100 Ländern. Sie bereichern uns mit unterschiedlichen Traditionen, Talenten, Erfahrungen und Kenntnissen		
Siemens	Pionier zu sein gehört für Siemens zum gelebten Selbstverständnis, es ist unsere Vision und prägender Bestand- teil unserer Unternehmenskultur. (...) Pionier zu sein be- deutet für uns mehr als Erfindung und Innovation. Es bedeutet, Neuland zu schaffen, zu betreten und dauer-haft zu bestellen, innovative Produkte und Lösungen kundenorientiert zu entwickeln und auf den Markt zu bringen. Und es bedeutet auch, kalkulierbare Risiken einzugehen, um Innovationen voranzutreiben	Partnerschaften wird es nur in Randbereichen geben, Innovationen kommen von Siemens selbst, nicht aber von aussen	http://www.siemens.com/about/pool/de/vision_strategie/vision/vision_de.pdf
McDonald	McDonald's brand mission is to be our customers' favorite place and way to eat and drink. Our worldwide operations are aligned around a global strategy called the Plan to Win, which center on an exceptional customer experience. (...) McDonald's customer-focused Plan to Win provides a common framework for our global business yet allows for local adaptation	Lokale, geografische Partnerschaften sind begrenzt auf einige wenige Lieferanten. Das Kerngeschäft wird von der Konzernzentrale aus den USA vorgegeben	http://www.aboutmcdonalds.com/mcd/our_company/mission_and_values.html
Cisco	Shape the future of the Internet by creating unprecedented value and opportunity for our customers, employees, investors, and ecosystem partners	Fokus der Partnerschaft allenfalls auf Randmärkte ohne „Berührungsseg-mente", auf Basis einer Schnittstelle. Partner müssen sich bewusst sein, dass sie sich dem „Cisco-Standard" verpflichten	http://www.cisco.com/supplier/diversity/cisco_mission.shtml

Tab. 4 (Fortsetzung)

Unternehmen	Zitat	Beispiel-Erkenntnis	Quelle
Deutsche Telekom	Wir bieten Produkte und Dienstleistungen aus den Bereichen Festnetz/Breitband, Mobilfunk, Internet und Internet-TV für Privatkunden sowie Lösungen der Informations- und Kommunikationstechnik für Groß- und Geschäftskunden. (. . .) Wir brauchen Innovation, um Kunden zu gewinnen und zu halten – mit attraktiven Produkten und Diensten. Durch Partnerschaften profitieren wir von der Agilität und Innovationskraft von Startup- und Internet-Unternehmen. Im Gegenzug bieten wir unseren Kundenstamm, unsere Markenstärke und Produktionsumgebung. Innovation ist ein wesentlicher Faktor für unsere Wachstumsziele	Technische Innovationspartnerschaften sind hier gefragt und aufgefordert, aktiv zu werden	http://www.telekom.com/konzern/konzernprofil/konzernleitlinien/10882
IBM	Dedication to every client's success, Innovation that Matters – for our company and for the world, Trust and personal responsibility in all relationships	Innovative Produkttechnologien sind mögliche Partnerschaften, weniger Vertriebspartnerschaften	http://www.ibm.com/ibm/values/us/
Google	Das Ziel von Google ist es, die Informationen der Welt zu organisieren und für alle zu jeder Zeit zugänglich und nützlich zu machen	Innovative Netzinfrastrukturdienste – fest und mobile Carrierleistungen wären mögliche Partnerschaften. Mehr und mehr lokale Vertriebs- und Servicepartner werden aktiv um kleinere geografisch Marktsegmente bearbeiten zu können	http://www.google.com/about/company/

Tab. 5 Analyse – Bewertung möglicher Partnerschaften

	Themen	Partner A		Partner B		Partner C	
		Erkenntnisse aus Wertschöpfung- & SWOT-Analyse	Bewertung zum „Fit" ++ + +/– – – –	Erkenntnisse aus Wertschöpfung- & SWOT-Analyse	Bewertung zum „Fit" ++ + +/– – – –	Erkenntnisse aus Wertschöpfung- & SWOT-Analyse	Bewertung zum „Fit" ++ + +/– – – –
Leitlinie, Mission „Wer sind wir?", „Was machen wir?"	Leitlinie des Partners						
Vision, Unternehmens-strategie	Aussagen zum Markt und zum Unternehmen und zur jeweiigen Entwicklung						
Unternehmerische Situation und Entscheidungs-prozess	Marktwachstum versus Unternehmens-wachstum, Finanzkraft und Bonität						

Tab. 5 (Fortsetzung)

Themen	Partner A	Erkenntnisse aus Wertschöpfung- & SWOT-Analyse	Bewertung zum „Fit" +++ +/- - - -	Partner B	Erkenntnisse aus Wertschöpfung- & SWOT-Analyse	Bewertung zum „Fit" +++ +/- - - -	Partner C	Erkenntnisse aus Wertschöpfung- & SWOT-Analyse	Bewertung zum „Fit" +++ +/- - - -
Status Quo & Entwicklung									
Management		Betriebszugehörigkeit der jeweiligen Manager, Background & CV der Manager, Grad der Entscheidungsfreiheiten im mittleren Management							
Organisation		Matrix-Struktur, Verantwortungsstruktur, „Silos" & „Cultural Fit"							

Tab. 5 (Fortsetzung)

Themen	Partner A	Erkenntnisse aus Wertschöpfung- & SWOT-Analyse	Bewertung zum „Fit" ++ + +/– – – –	Partner B	Erkenntnisse aus Wertschöpfung- & SWOT-Analyse	Bewertung zum „Fit" ++ + +/– – – –	Partner C	Erkenntnisse aus Wertschöpfung- & SWOT-Analyse	Bewertung zum „Fit" ++ + +/– – – –
Produkte & Entwicklung – „Product-Fit"	Produktportfolio, Schnelligkeit der Produktentwicklung, Stabilität und Qualität								
Kunden, Zielkunden	Kundenzufriedenheit, Kundenabwanderungsrate, Verhältnis Neukunden zu bestehenden Kunden								
Distribution	Bisherige Partnerschaften und deren Erfolg und Misserfolg,								

Tab. 5 (Fortsetzung)

Themen	Partner A	Erkenntnisse aus Wertschöpfung- & SWOT-Analyse	Bewertung zum „Fit" +++/----	Partner B	Erkenntnisse aus Wertschöpfung- & SWOT-Analyse	Bewertung zum „Fit" +++/----	Partner C	Erkenntnisse aus Wertschöpfung- & SWOT-Analyse	Bewertung zum „Fit" +++/---
Aussagen von Partnern zum Thema „Easy to do business with"									
Service & Support: Mitarbeiter- Know How und zur Qualität der erbrachten Serviceleistungen – Aussagen von Referenzkunden									
Personal: Trainingskultur, Aus- und Fortbildung, persönliche Coachingangebote									
IT: Schnelligkeit, Mobilität und Leistungsfähigkeit									

Schritt 13: Verkaufsmodell des Partners kennen

Abbildung 34 zeigt ein klassisches Vertriebsmodell. Das eigene Unternehmen bedient zumeist ein von ihm selbst definiertes Großkundensegment und das Mittelstandssegment. Das Großkundensegment wird meist von dem Unternehmen selbst bedient, allenfalls in Partnerschaft mit ein bis zwei global tätigen Partnern, und das Mittelstandssegment über kleinere Partner, die zumeist einen geografischen oder einen Nischenfokus haben. Beide Partnergruppen werden über den eigenen Vertriebskanal unterstützt.

Ein solches Partnermodell kann zumindest in der ersten Phase für die zukünftigen Gespräche allenfalls als Orientierung dienen. Auch wenn es gegebenenfalls dem eigenen Modell entspricht, so ist es kontraproduktiv, dieses Modell dem Partner gegenüber als gegeben zu präsentieren. Vielmehr ist an dieser Stelle zu prüfen, inwieweit das Partnermodell, das der mögliche Partner fährt, vom eigenen Modell abweicht. Aussagen zum Partnermodell erfährt man zumeist von den Vertriebsmitarbeitern der ggf. bereits bestehenden Partner des präferierten Partners. Hervorragend geeignet sind hierfür Messen oder Kundenveranstaltungen etc.

Wichtig ist zu diesem Zeitpunkt nur, ein Gefühl dafür zu bekommen, inwieweit der Partner sich in einem Modell wiederfinden würde oder nicht. Wenn der Partner beispielsweise großes Interesse hat, seine Produkte über ein Product-Bundle in einem völlig neuen

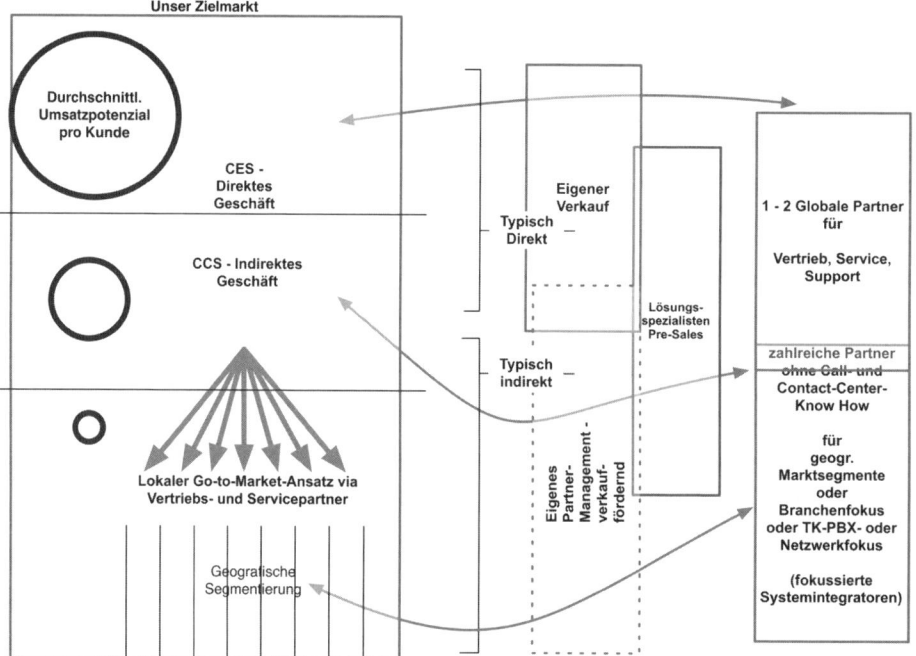

Abb. 34 Verkaufsmodell – direkt – indirekt

geografischen Markt zu platzieren, dann erwartet er eben eine Produkt - UND eine Vertriebspartnerschaft. Wenn der Partner sich als paneuropäischer Lösungsspezialist sieht, selbst aber beispielsweise nur in der DACH-Region aktiv ist, so wird er eine solche Einordnung als „lokaler" Partner nicht akzeptieren.

Fazit & Erkenntnis

Die besten Aussagen zum Verkaufsmodell des Partners, der Struktur und seiner Effizienz erhält man von Vertriebsmitarbeitern des möglichen Partners und seinen Partnerunternehmen, mit denen der avisierte Partner bereits zusammenarbeitet. Dabei sind mindestens jeweils zwei Vertriebsmitarbeiter unabhängig zu kontaktieren und zu befragen. Nur so sind die Aussagen als halbwegs valide in Bezug auf das Verkaufsmodell zu bezeichnen.

Schritt 14: Gemeinsame, mögliche Mehrwerte beschreiben

Grundsätzlich gilt: „Was ist für mich drin?" Viele Partnermanager betrachten Partner wie Kunden, die es zum Abschluss zu bringen gilt. In diesem Fall ist allerdings noch kein Umsatz generiert worden, wenn der Partnervertrag unterschrieben worden ist. Mehrwerte müssen auf beiden Seiten entstehen. Wenn es also gilt, den gemeinsamen Mehrwert zu definieren, dann muss der jeweils eigene, interne Mehrwert zumindest zeitlich absehbar sein und darf nicht nur auf Vermutungen beruhen.

Der Mehrwert der Partnerschaft muss sowohl für das eigene als auch, wenn auch geschätzt, für das Partnerunternehmen beschrieben werden, so dass sich daraus eine erste Potenzialanalyse für diese Partnerschaft ableiten lässt, und zwar in Zahlen (vgl. Abb. 35). Die Zahlen sollten zumindest einen Entwicklungshorizont von zwei bis drei Jahren beinhalten. Es sind die Zahlen, die die jeweiligen Partner intern wiederum nutzen, um den finanziellen Mehrwert (Umsatz und anzunehmende Kosten) für sich selbst zu berechnen und um daraus entsprechende Investitionen in die Partnerschaft abzuleiten.

Wenn die strategische Partnerschaft des eigenen Unternehmens beispielsweise darauf ausgerichtet ist, ein bisher nicht bedientes unteres Marktsegment auszuschöpfen, dann wird gleichzeitig darauf abgezielt, eben nicht nur den für dieses Segment nützlichen Partner zu nutzen, sondern auch die Partner des Partners, insbesondere in seinen Randmärkten. Mit welchem Ertrag pro Umsatzeinheit ist in diesen Segment zu rechnen? Um zu einer Aussage zu gelangen, wie engagiert ein Partner sein wird, wie tragfähig diese Partnerschaft auf längere Sicht sein kann, muss der Partnermanager nun diese strategische Richtung der Partner-Wertschöpfungskette gegenüberstellen. Ausgehend von der weiter oben vorgestellten Analyse, welche Auswirkungen eine Partnerschaft auf die eigene Wertkette hat, betrachtet man nun die Wertschöpfungskette des Partners. Hierbei wird geprüft, wie sich die Wertschöpfung beim Partner verändern wird.

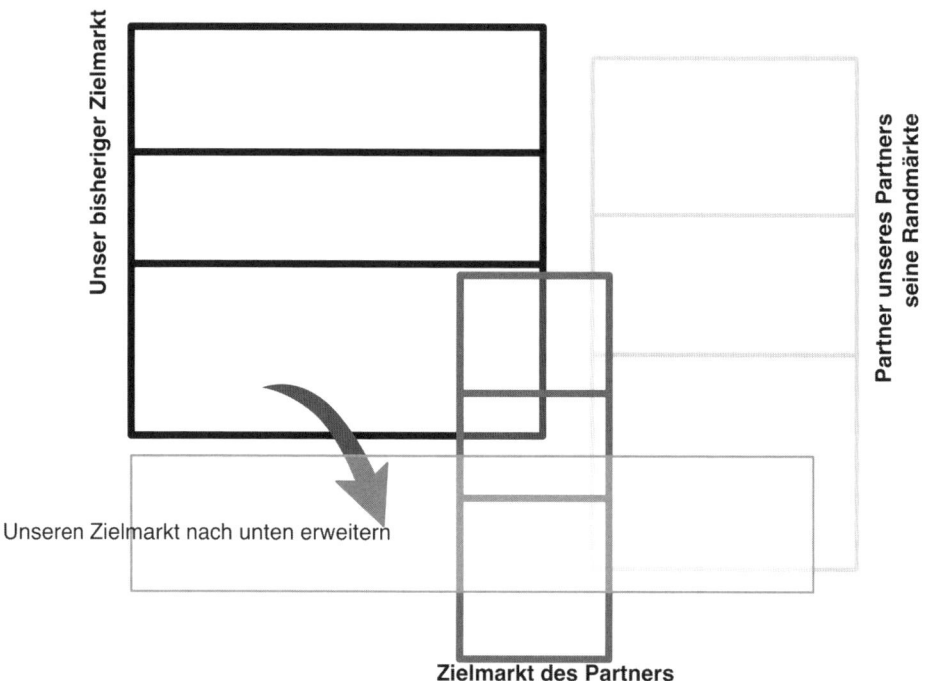

Abb. 35 Markt-Zielmarkt-Partnermarkt- Partner-Randmärkte

Abbildung 36 macht deutlich, dass der Partner zwar Umsatzwachstum im Bereich Produkt-verkauf, Service und Support verzeichnen wird, die Kosten aber insgesamt steigern werden. Er wird, wahrscheinlich aufgrund seiner bisherigen Größe, nicht in der Lage sein, die so gestiegenen Kosten durch Betriebsgrößeneffekte in den Bereichen Einkauf, Produktion und Logistik aufzufangen. Eine solche einseitige Partnerschaft macht für diesen Partner keinen Sinn.

In die bisherigen Überlegungen sind noch nicht die möglichen, strategischen Überlegun-gen des Partners eingeflossen. Der Partner könnte beispielsweise das naheliegende Interesse verfolgen, unsere Marktzugänge zu größeren Kunden nutzen zu wollen (vgl. Abb. 37).

Dann entwickelt sich die Wertschöpfung etwas anders (vgl. Abb. 38).

Skaleneffekte kommen nun verstärkt zum Tragen und die Ertragssteigerung fällt deutlich höher aus.

Für jeden der möglichen Partner ist daher zu überlegen:

- Wie wirkt sich unsere Partnerstrategie auf den Partner und seine Wertschöpfung aus?
- Welche möglichen strategischen Ziele verfolgt der Partner mit der Partnerschaft?
- Wir wirken sich beide Strategieziele (eigenes Unternehmen und Partner) auf die jeweilige Wertschöpfung aus?

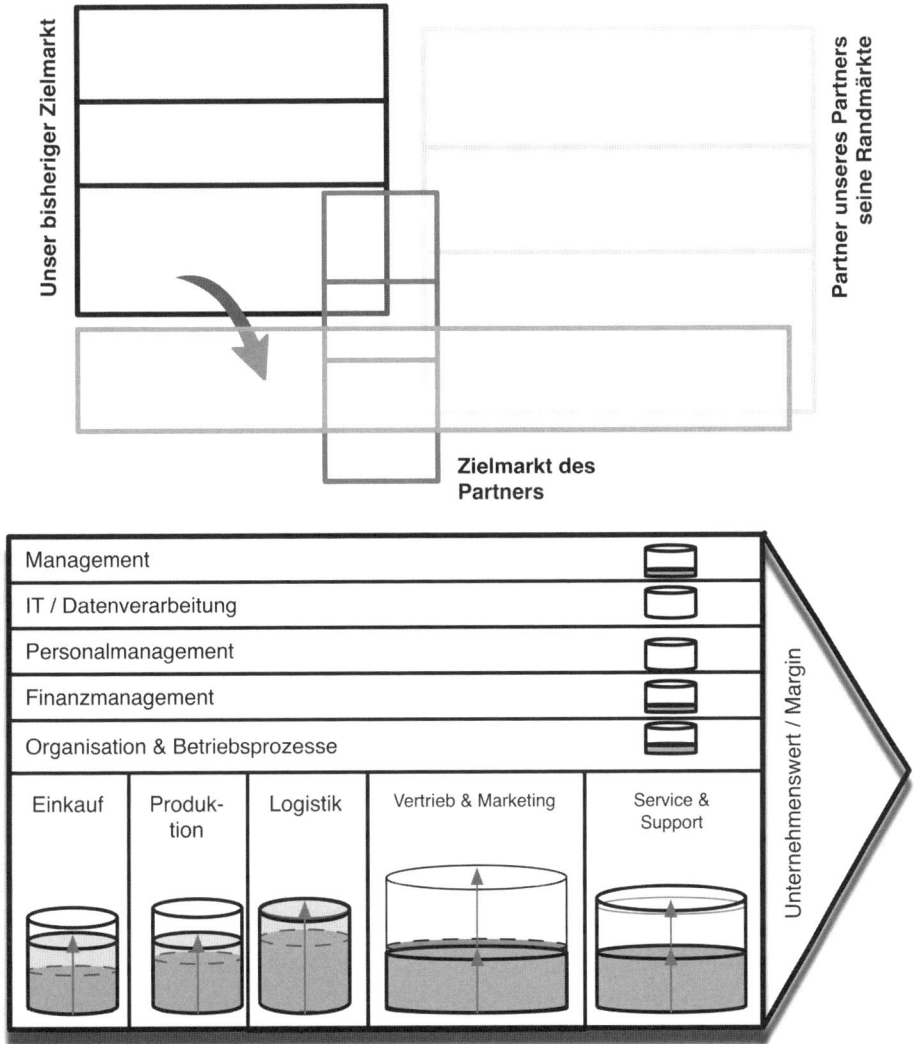

Abb. 36 Stoßrichtung – Zielsegment und Auswirkungen auf die Partner-Wertschöpfung

Fazit & Erkenntnis

Der Mehrwert einer Partnerschaft muss zu diesem Zeitpunkt in Bezug auf die eigene strategische Ausrichtung und wie der Partner in diese Ausrichtung integriert werden kann anhand der Auswirkung auf die jeweilige Wertschöpfung definiert werden. Die dabei zugrunde gelegten Annahmen müssen im Laufe der ersten Kontakte mit dem Partner schnell aus Gründen der Planungssicherheit verifiziert werden, weil sie die Grundlage liefern für mögliche Investitionsentscheidungen in diese Partnerschaft – und dies sowohl aus Sicht des eigenen Unternehmens als auch des Partnerunternehmens.

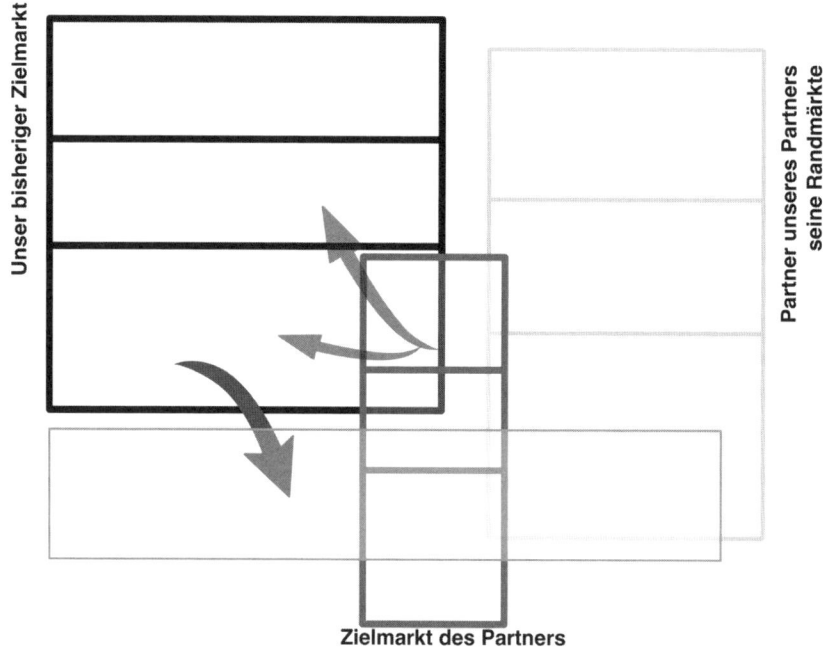

Abb. 37 Stoßrichtungen des eigenen Unternehmens und des möglichen Partners

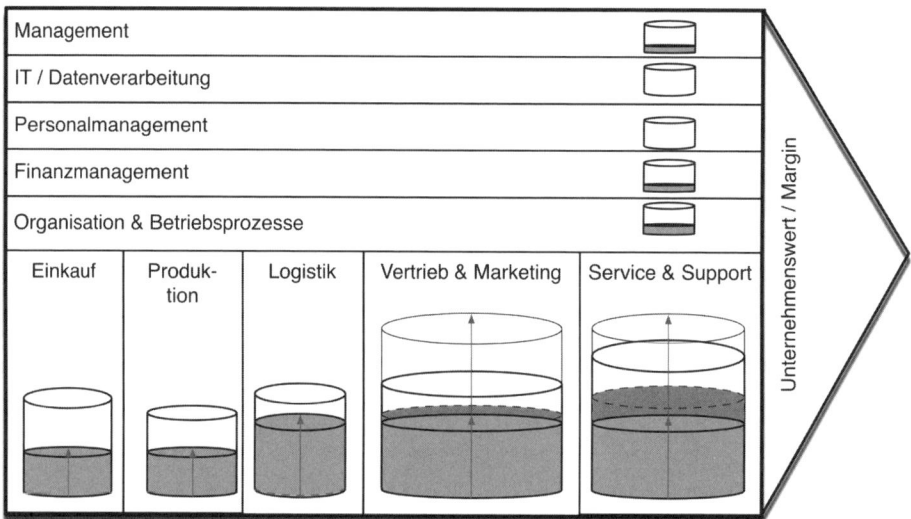

Abb. 38 Zwei Stoßrichtungen und veränderte Auswirkungen auf die Partner-Wertschöpfung

Schritt 15: Skillmatrix des Partners erstellen

Es ist mühselig, darüber zu debattieren, inwieweit der Partner die eigene strategische Marschrichtung nun mitträgt oder nicht. Man muss sich als Partnermanager darüber im Klaren sein, dass die gemeinsame Strategie der Partnerschaft auch Zugeständnisse bedeutet. Nichtsdestotrotz wird man aber, unabhängig von den Zugeständnissen, an der eigenen Entwicklungsrichtung festhalten, obgleich man sie, vielleicht nach der gemeinsamen Strategiedefinition, nicht zur Gänze wird durchziehen können. Denn was nutzt es auch, wenn diese Entwicklungsrichtung keine adäquate Wiederspieglung im Partnerunternehmen finden kann, weil dort schlichtweg die Fähigkeiten fehlen? Um dies festzustellen, bietet es sich an, das in Abb. 39 dargestellte Modell zu nutzen:

Dabei wird geprüft, welche Fähigkeiten und Kompetenzen im möglichen Partnerunternehmen im operativen und strategischen Umfeld für die Themenbereiche Produkte & Lösungen, Service & Support und Besonderheiten & Expertise vorhanden sind mit welchem Niveau (Kernkompetenz, wachsende Kompetenz, erweiterte, ausbaufähige Kompetenz).

Abbildung 40 gibt ein Beispiel für einen Carrier. Es ist angesichts einer solchen Skill-Analyse zum jetzigen Zeitpunkt undenkbar, dass ein solcher Carrier auf absehbare Zeit mit einer Branchenorientierung, beispielsweise auf Versicherungen und Banken, erfolgreich sein wird, wenn es darum geht Versicherungs- und Bankenanwendungen in der Cloud oder als Managed Service anzubieten. Es ist daher unnötig darüber zu spekulieren, inwieweit uns

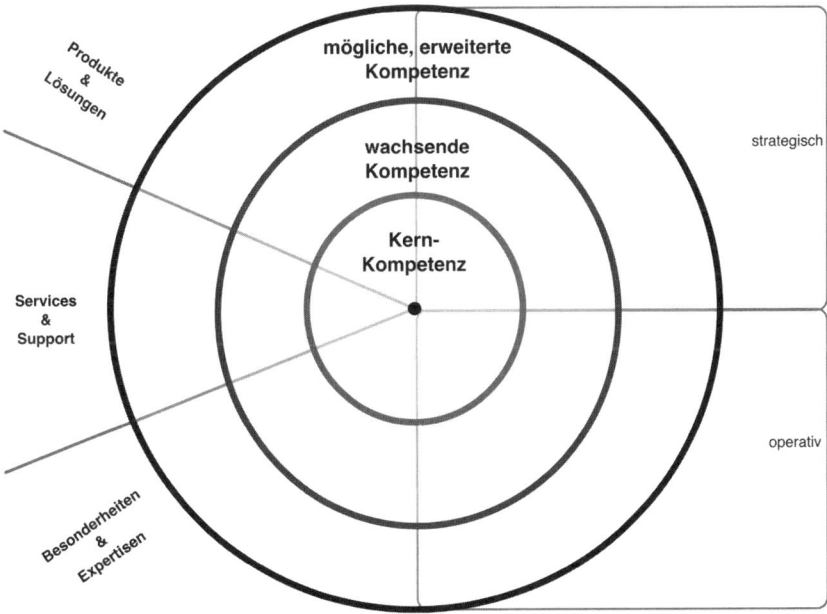

Abb. 39 Skillmatrix

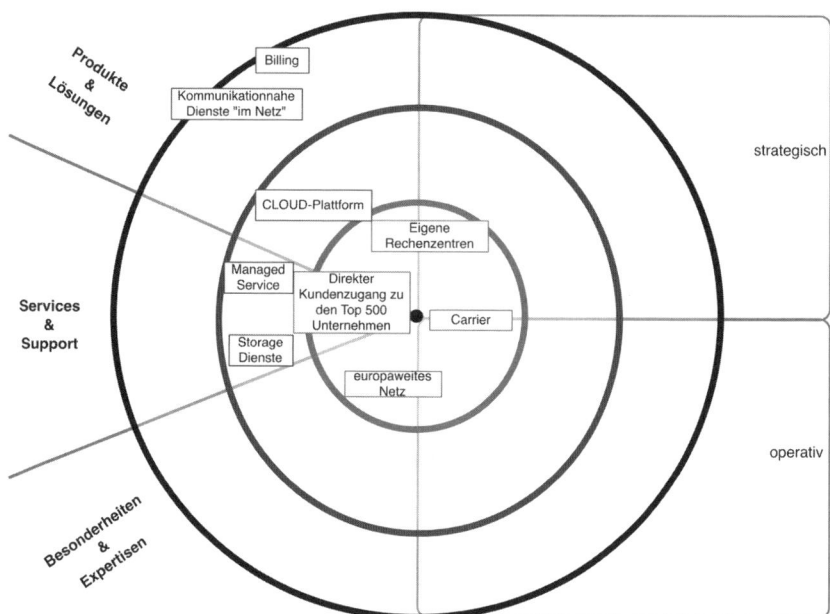

Abb. 40 Skillmatrix – Beispiel eines Carrier

ein solcher Carrier-Partner beispielsweise in Bezug auf Geschäftsanwendungen wirklich unterstützen kann.

Das Chart in Abb. 41 kann dazu genutzt werden, für den jeweiligen möglichen Partner die Skillmatrix zu erstellen. Dabei stammen die Informationen auch zu diesem Zeitpunkt hauptsächlich aus Recherchen aus sekundären Quellen und ggf. aus Gesprächen mit Referenzkunden oder Messegesprächen mit Vertriebsmitarbeitern. Nach dieser Übung wird deutlich werden, wie ein solcher Partner auf unsere Partnerstrategie reagieren könnte und ob er nicht als Partner gleich ausscheidet.

Fazit & Erkenntnis

Diese Skill-Analyse erlaubt es, eine einfache, aber umfassende Perspektive zu gewinnen, wenn es darum geht, die vom Partner veröffentlichte strategische Ausrichtung zu verifizieren: Kann er das leisten, was er zu erreichen plant?

Es lässt sich damit auch erkennen, ob die Vorteile und Fähigkeiten eines Partners in Bezug auf unsere Strategie von Nutzen sind und mit welchen besonderen Investitionsaufwänden wir in Bezug auf diesen Partner schätzungsweise zu rechnen haben.

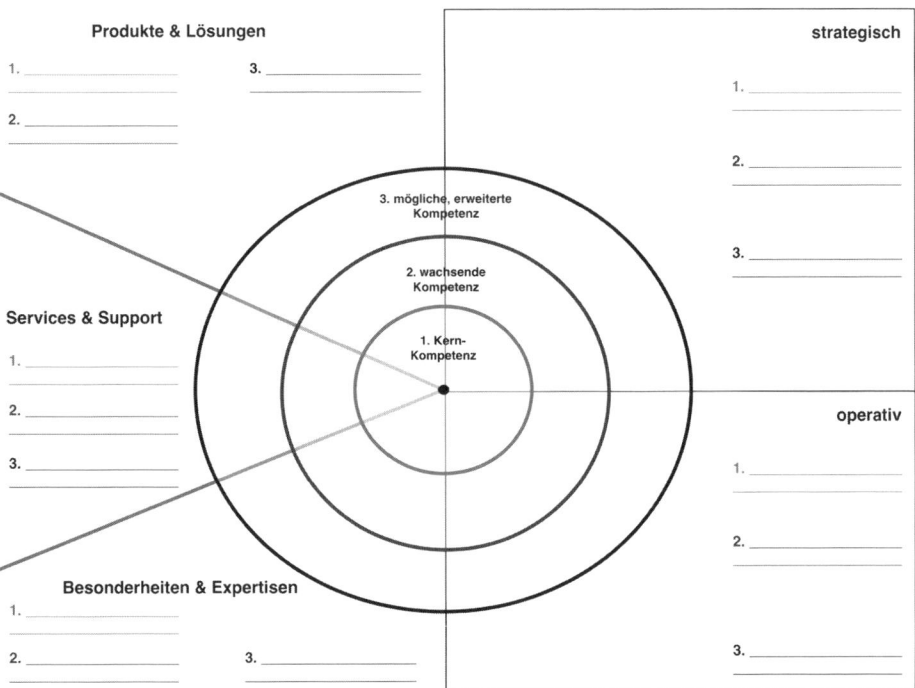

Abb. 41 Analyse – Skillmatrix

Schritt 16: Risiken der Partnerschaft beleuchten

Im Zuge der SWOT-Analyse haben wir bereits mögliche Gefahren berücksichtigt. Nachdem nun die Ergebnisse aus Leitlinien- bis Wertschöpfungsketten-Analyse, Verkaufsmodell und Skillmatrix-Analyse vorliegen und ggf. einige mögliche Partner bereits aus der Auswahl ausgeschieden sein, geht es im nächsten Schritt darum, die verbliebenen möglichen Partner vertieft im Hinblick auf Gefahren, Bedrohungen, Schwächen und Risiken zu bewerten.

Das Modell in Abb. 42 erlaubt es, diese mögliche Risiken und Gefahren zu erfassen und besser einzuschätzen.

Dabei werden die Risiken zunächst gesammelt, in die obige Matrix eingetragen und nach Gefahrenausmaß bzw. -größe und Eintrittswahrscheinlichkeit bewertet.

Das Beispiel in Abb. 43 soll diese Vorgehensweise erläutern.

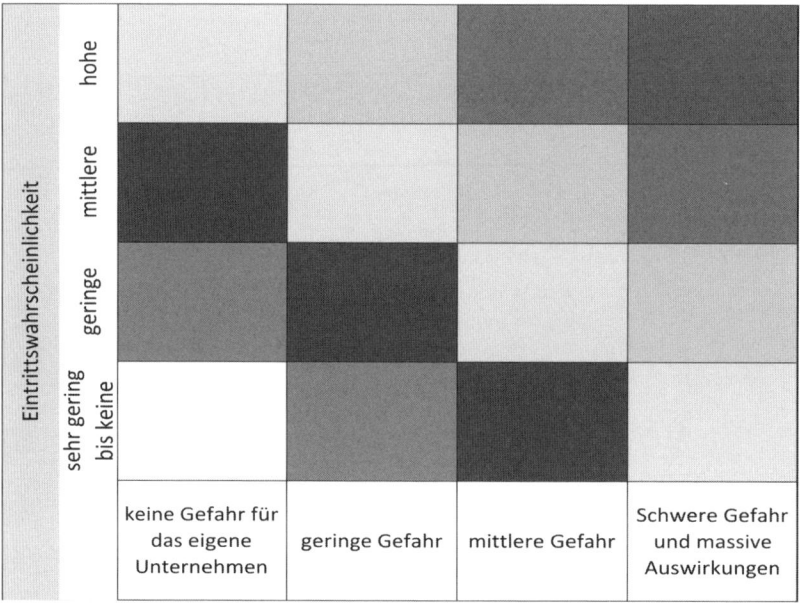

Abb. 42 Risikomatrix

Anhand dieses Beispiels kann man beispielsweise erkennen, dass das Risiko, dass der Partner zum Wettbewerb wechselt, als sehr hoch bewertet wurde. Dies kann unter anderem daran liegen, dass die Produkte der Marktteilnehmer komplett austauschfähig sind und die Kunden im Markt dies auch so sehen.

Am Ende dieser Analysephase ist es sinnvoll, die Ergebnisse zu präsentieren. Zu diesem Zweck ist es nützlich, ein Gremium in der eigenen Organisation mit ein oder zwei Mitgliedern des Top-Managements zu schaffen, das Partneranfragen und später erste Partnerprojekte analysiert, bewertet und als Senior-Manager begleitet.

Fazit & Erkenntnis

Die einfache SWOT-Analyse diente als erste Übersicht. Die Risikomatrix ist dagegen die erste Grundlage, die während der gesamten Partnerschaft immer wieder herangezogen wird. Sie ist Teil des eigenen, internen Partnerschaftsplans und erlaubt im Zuge der Entwicklung der Partnerschaft zu erkennen, wie sich Risiken verschieben und ggf. zu einer enormen Gefahr ausweiten können.

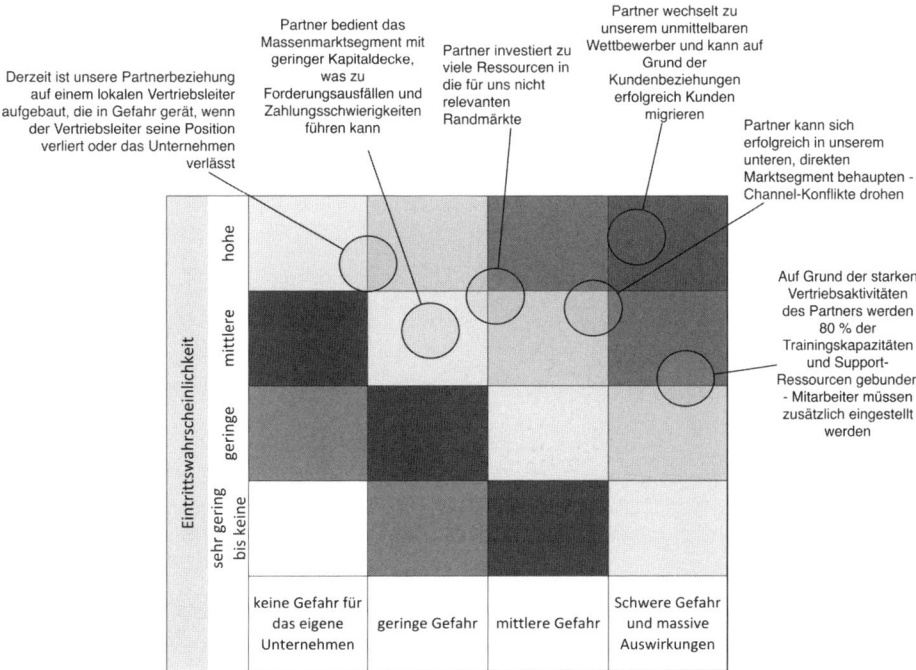

Abb. 43 Beispiel Risikomatrix

Den „ersten" Partnerschaftskontakt organisieren!

Schritt 17: Den ersten „Partnerschafts-Kontakt" vorbereiten

Partnerschaftskontakte müssen geplant und organisatorisch verankert werden, wie etwa die erste Besprechung erfolgreich zu gestalten und den Review entsprechend im Partnerschaftsplan festzuhalten. Mit Der erste Ansprechpartner verrät viel über die angehende Partnerschaft. Letztlich definiert die eigene Partnerschaftsstrategie, wer die richtigen Ansprechpartner sind. Recherchieren Sie die Verantwortlichen im Management, die sich mit Ihrem Thema befassen könnten, und erfassen Sie so detailliert wie möglich alles, was Sie über diese Personen finden können. Auch hier gilt: Social Networks, Referenzkunden können hierfür eine wichtige Quelle sein.

Wir unterscheiden bei möglichen Ansprechpartnern folgende Typen:

- **Pionier**
  Der Pionier ist begeistert von neuen Ideen und lässt sich als Ansprechpartner leicht gewinnen, wenn die Ideen Neuheiten versprechen. Zumeist ist er interessiert an technischen Innovationen oder neuen Service-Ideen. Er ist oft lange im Unternehmen und verfügt dort über einen großen Bekanntheitsgrad. Er kann ein Türöffner für andere Ansprechpartner sein. Zumeist ist seine hierarchische Position allerdings nicht sehr hoch. Man kann immer wieder zu ihm gehen, wenn man sonst nicht weiterkommt, muss dabei allerdings immer interessante, neue Themen mitbringen.
- **Möglichkeiten-Sucher**
  Dieser Ansprechpartner-Typ prüft permanent, welche Möglichkeiten zur Geschäftsentwicklungen noch existieren. Er ist typischerweise oft im Business- oder Product-Development zu finden. Er hat die Tendenz, sich auf die Möglichkeiten zu konzentrieren und die Risiken, Opportunitätskosten außer Acht zu lassen. Seine Sichtweise hat eher kurzfristigen Charakter. Meist springt er auf ein Entwicklungsthema an, das von Kunden

© Springer Fachmedien Wiesbaden 2015
R. Klimke, *Professionelles Partnermanagement im Lösungsvertrieb,*
DOI 10.1007/978-3-658-06074-9_5

oder Lieferanten an ihn herangetragen wurde. Er kann ein Türöffner sein, aber wenn eine Partnerschaft nicht sofort Ergebnisse erzielt oder zu viele Anfangsschwierigkeiten mit ihr verbunden sind, wird er uns als Ansprechpartner sehr schnell nicht mehr zur Verfügung stehen.

- **Geschäftsentwickler**

  Der Geschäftsentwickler kennt den Zielmarkt seines Unternehmens und verlässt diesen Zielmarkt selten, denn er ist stets davon überzeugt, dass das Marktpotenzial noch lange nicht ausgeschöpft ist. Er ist zumeist sehr vertrieblich strukturiert und vernachlässigt andere Teile der unternehmerischen Wertschöpfung. Ihn als Ansprechpartner zu gewinnen, erfolgt zumeist über die Argumentation, neue Kunden in seinem Markt zu adressieren bzw. bestehende Kundenpotenziale besser auszuschöpfen.

- **Intrapreneur**

  Dieser Typ sieht sich sowohl als operativer als auch strategischer Manager. Als operativer Manager konzentriert er sich auf Organisations- und Prozesseffizienz und die finanzielle Stabilität. Als strategischer Manager prüft er unternehmerische Weiterentwicklungen seines Zielmarktes und der Randmärkte, überprüft Diversifikationschancen etc.. Als Ansprechpartner ist er zumeist auf Partnerschaftsthemen fokussiert, die stabilisierend auf sein Unternehmen wirken und mittel- bis langfristige Marktpotenziale für ihn erreichbar machen.

In vielen Unternehmen finden sich diese Typen im Management wieder. Letztlich werden alle vier Typen benötigt, um Ideen, Schnelligkeit, operative Kraft und Stabilität im Unternehmen zu erzeugen (vgl. Abb. 44).

Die Geschäftsentwicklung eines Unternehmens vollzieht sich zumeist in Stufen. Start-Up – Erste Kunden – Erste Konsolidierung – Wachstum – Zweite Konsolidierung – Stabilität. Je nach Phase der Geschäftsentwicklung stehen diese Typen im Vordergrund.

Für eine funktionierende und stabile Partnerschaft ist allerdings die Phase interessant, in denen der Möglichkeiten-Sucher das Sagen hat. Dabei ist es wichtig, dass der Möglichkeiten-Sucher bereits mehr als zwei Jahre in seiner Position im Management ist. Er wird die Tür zwar aufmachen, aber er wird sie angesichts seiner kurzfristigen „Erfolgsdenke" auch schnell wieder vor uns verschließen. Wenn er aber zwei Jahre bereits in der Position ist und das Unternehmen, sein Bereich „unter seiner Führung" zu Wachstum gelangt ist, dann werden langfristig wirkende Aufgabenstellungen wie „Kundenzufriedenheit" ihn langweilen und er wird sich anderen Aufgaben zuwenden oder das Unternehmen verlassen. Diese Phase ist ideal, um schnell ein entsprechendes Netzwerk aufzubauen, wenn der „Geschäftsentwickler" auf den Plan tritt.

Der Möglichkeitensucher, Geschäftsentwickler, Intrapreneur sind die Ansprechpartner, die der Partnermanager im Unternehmen finden muss. Möglichkeitensucher findet man zumeist im Verkauf, Geschäftsentwickler im Bereich Verkauf und Marketing, Intrapreneure im Service und Finanzbereich.

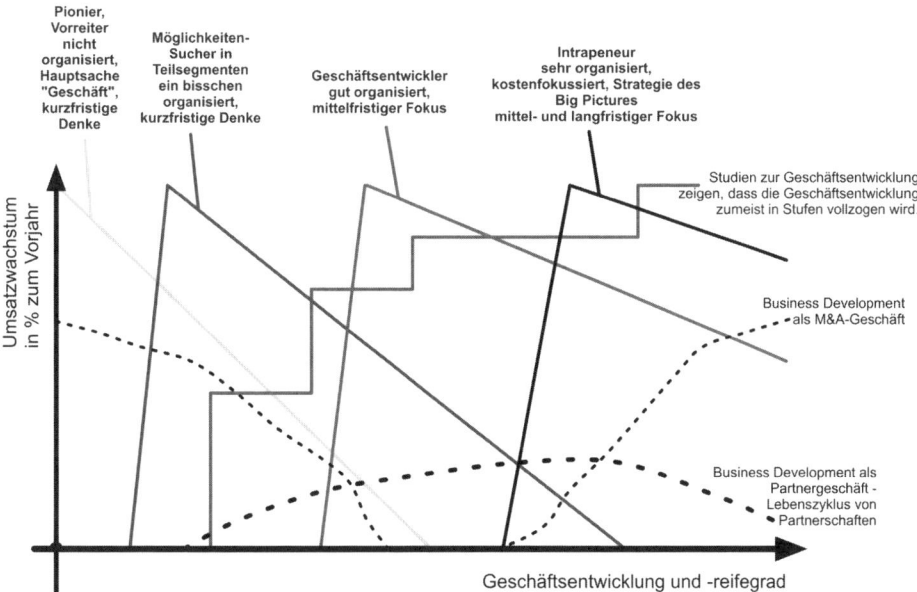

Abb. 44 Ansprechpartnertypen

Fazit & Erkenntnis

Die Ansprechpartnertypen Möglichkeitensucher, Geschäftsentwickler und Intrapreneur sind diejenigen, die das Partnergeschäft weiterbringen. Die Pioniere, die nur ihr kurzfristiges Geschäft im Auge haben, sind allenfalls in einer Produktpartnerschaft oder als Kooperationspartner zur Leadgenerierung interessant.

Wichtig ist es zu erkennen, wann welcher Ansprechpartnertyp dem eigenen Partnermanagement und der verfolgten Partnerstrategie am nützlichsten ist.

Schritt 18: Die erste Besprechung erfolgreich gestalten

Prinzipiell kommen für eine Partnerschaft die drei Bereiche Verkauf, Service und Produkte & Lösungen in Frage. Die wirklich gelebte Organisationsstruktur des Partners ist am einfachsten über Referenzkunden oder die Vertriebsmitarbeiter zu erfahren. Zumeist haben wir es dann mit Strukturen wie in Abb. 45 gezeigt zu tun:

Je nach eigener Partnerstrategie ergibt sich daraus , mit welchen Managern und Mitarbeitern man zuerst sprechen sollte. Dabei sollte der erste Kontakt möglichst hoch in der Hierarchie erfolgen.

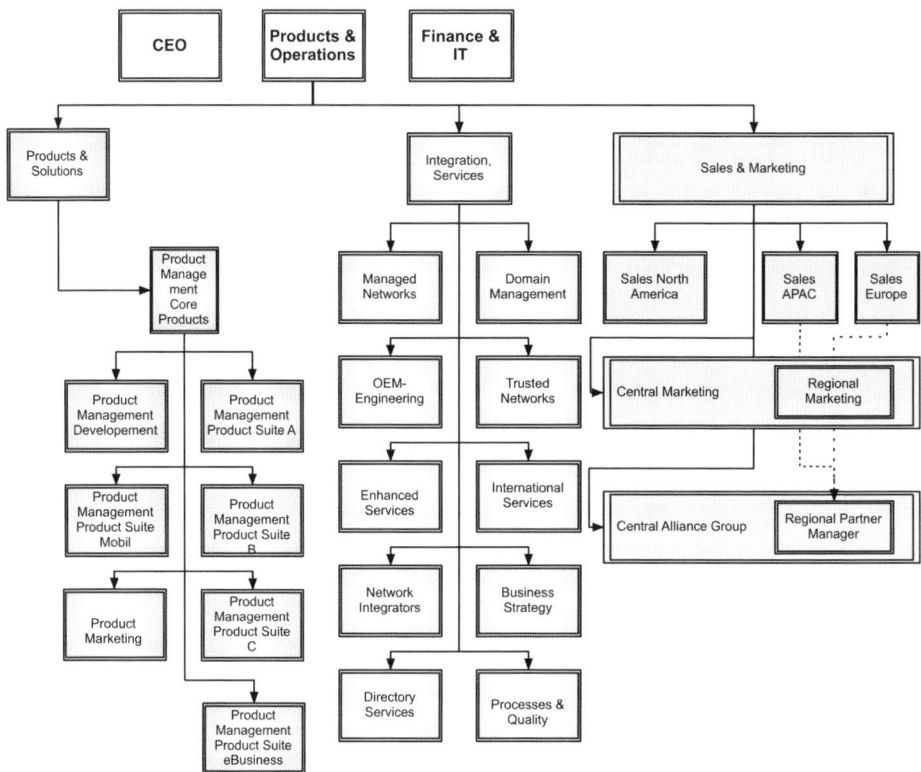

Abb. 45 Organisationsstruktur

Bereiten Sie den ersten Kontakt akribisch vor: Erstellen Sie ein Telefonscript, das die ersten Sätze und den Grund für Ihren Anruf darlegt. Viele Partnermanager „verhaspeln" sich dabei und sind schneller die „Hierarchie" im Partnerunternehmen heruntergefallen, als ihnen lieb ist. Erklären Sie Ihr Anliegen und begründen Sie die Notwendigkeit für einen Termin, der dem Partner aufzeigt, warum das eigene Unternehmen dieses Ziel verfolgt, er der richtige Partner ist und eine Win-Win- Situation entstehen kann. Lassen Sie dabei Aussagen aus Interviews oder Referenzkunden einfließen und zeigen Sie auf, wie intensiv Sie sich mit dem Partnerunternehmen bereits beschäftigt haben.

Im ersten Gespräch kommt es darauf an, dass Sie die Agenda für die erste Besprechung definieren. Räumen Sie dabei genug Zeit ein, um über Unternehmensvorstellung, Marktentwicklungen, Schlüsselpersonen im Markt, strategische Ausrichtungen, Verkaufsmodelle diskutieren zu können. Ordnen Sie im Geiste jedem dieser Punkte, die Sie gern besprechen möchten und die für den Partner ebenso interessant sein können, Ihre offene Fragen aus den vorherigen Analysen zu. Dabei sollte aber die Anzahl an Fragen nicht über drei bis vier Fragen pro Themenblock hinausgehen, es ist schließlich das erste Gespräch. Die offenen Fragen sollen wiederum dazu dienen, dass einerseits der Partner den Eindruck Ihrer intensiven Recherche mitbekommt, andererseits er bei einigen offenen Fragen auf andere Ansprechpartner verweist, zu denen er einen Kontakt herstellen kann.

Schritt 19: Review der Besprechung und der 1. Partnerschaftsplan entsteht

Nach diesem ersten Gespräch sollten, abgesehen von der grundsätzlichen Bereitschaft, eine Partnerschaft weiterhin ins Auge zu fassen, weitere Gespräche zeitnah geführt werden und zumindest auch die folgenden Fragen in Bezug auf „Easy-to-do-Business-with" geklärt werden:

* Inwieweit ähneln sich die Unternehmensstrukturen, wie wir es bisher angenommen haben? So haben einige Unternehmen kein echtes „Partnermanagement", sondern ein Sammelsurium, das sich aus Marketing, Partnerbetreuung und „Leadgenerierungsteam" zusammensetzt.
* Wie ist der Zugriff der Partnerorganisation auf den direkten Vertrieb, das Marketing, die Produktentwicklung, den Support und Service organisiert?
* Hat die Partnerorganisation eine eigene Stimme im Management, im Top-Management oder aber ist anzunehmen, dass sie eher ein „Anhängsel" des direkten Vertriebs oder Marketings ist? Gerade letztere Information zeigt Ihnen den Entwicklungsgrad des Partners im Umgang mit neuen Partnern an.
* Behandelt der neue Partner seine Partner unterschiedlich?
* Mit wem ist er besonders erfolgreich und warum?
* Investiert er besonders in Beziehungen zu existierenden Systemhäusern oder Management-Unternehmensberatungen, Vertriebs-, Trainings- und Produktpartnerschaften?
* Wie erfolgreich ist sein ISV-, VAR- oder OEM-Partnermodell?
* Wer im Unternehmen hat die erfolgreichen Partnerschaften initiiert? Wer hat die Muster für die Zusammenarbeit mit Partnern geschaffen? Insbesondere die Frage nach der Vergangenheit gibt uns viele Hinweise, was uns wahrscheinlich erwarten wird:
  - Wie wichtig war welche organisatorische Einheit bei der Entwicklung und Umsetzung der Partnerstrategie und der Initiativen?
  - Welche Stellung haben diese Einheiten in der Organisation heute?
  - Welche Vorgehensweise ist damals gewählt worden, insbesondere wenn es darum ging, die damalige Partnerschaft erfolgreich im jeweiligen Vertrieb zu verankern und zu pflegen? Welche Initiativen waren gerade in der Anfangsphase der damaligen Partnerschaft erfolgreich?

Nachdem nun diese Themen angesprochen wurden, gilt es, die Ergebnisse der Besprechung festzuhalten und mögliche Risiken und Gefahren in die Risikomatrix zu übertragen (vgl. Abb. 46).

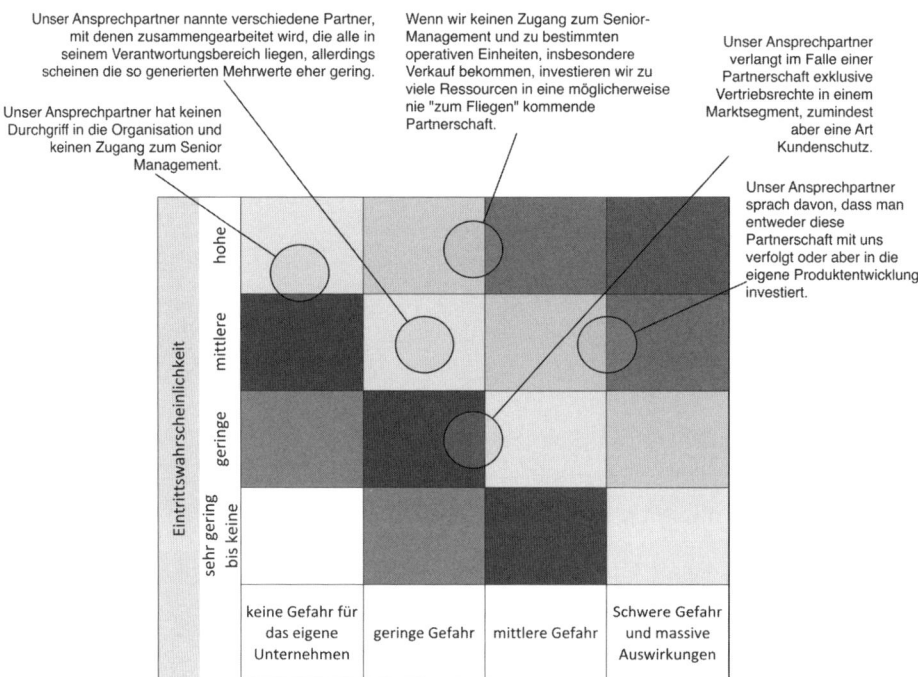

Abb. 46 Risikomatrix – Beispiel 2

Fazit & Erkenntnis

Zu diesem Zeitpunkt werden die bisher gefundenen, auf zumeist sekundären Quellen beruhenden Informationen zum ersten Mal verifiziert. Der Partnermanager sollte selbst eine eigene Agenda vorschlagen und für sich selbst einen Fragenkatalog erstellen. Im Nachgang zu diesem ersten Gespräch reicht es völlig aus, lediglich die Risikomatrix entsprechend zu validieren. Weitere Gedanken zum Thema Strategien und Form der Partnerschaft sollten in den Folgegesprächen entwickelt werden, die dann ja auch Eingang in den Partnerschaftsplan finden.

Angehende Partnerschaft initialisieren und organisieren

Schritt 20: Den Markt gemeinsam bewerten

Nachdem wir erste Gespräche mit einem potenziellen Partner begonnen haben, geht es nun darum, die diversen möglichen Partner in dem Branchenanalyse-Chart (vgl. Abb. 47) zu positionieren.

Nutzen Sie die Sicht des Kunden auf den Markt (wie es in Abb. 18 beispielhaft für eine Kundensicht auf den CRM-Markt dargestellt wurde). Dies dient lediglich dem Zweck, dem Partnermanager eine gute Übersicht zu verschaffen und das Gesamtkonstrukt „Branche-Markt" im Auge zu behalten.

Bitten Sie den jeweiligen Ansprechpartner im Partnerunternehmen, seinen Markt anhand der folgenden Fragen zu bewerten, und summieren Sie die Spalten jeweils auf, wie in Tab. 6 dargestellt.

Eine solche einfache Befragung ggf. gemeinsam mit dem Partner zusammen durchzuführen, schafft eine gute Grundlage für Folgegespräche. Darüber hinaus werden die Partner vergleichbarer. Dabei sind selbstverständlich Vergleiche von Partnern ähnlicher Größe am interessantesten.

In nicht eindeutigen Situationen, wie etwa, wenn es nur einen relevanten Partner gibt, der in Frage kommt, oder bei mehreren Partnern, die bisher eine ähnliche Bewertung erfahren haben oder zu fast gleichen Markteinschätzungen gelangt sind, sollten in jedem Fall ein oder zwei Kunden befragt werden (siehe Tab. 7). So gelangt man zu der Erkenntnis, ob der jeweilige Partner und seine Kunden die Sichtweise auf den Markt unbewusst teilen oder gänzlich voneinander abweichen (vgl. Abb. 48).

In einer weiteren Bewertung gibt der Partnermanager nun selbst seine Einschätzung über das Partnerunternehmen in seinem Markt etc. wieder, insbesondere mit dem Gedanken an die Positionierung im Branchenanalyse-Chart (vgl. Tab. 8):

© Springer Fachmedien Wiesbaden 2015
R. Klimke, *Professionelles Partnermanagement im Lösungsvertrieb*,
DOI 10.1007/978-3-658-06074-9_6

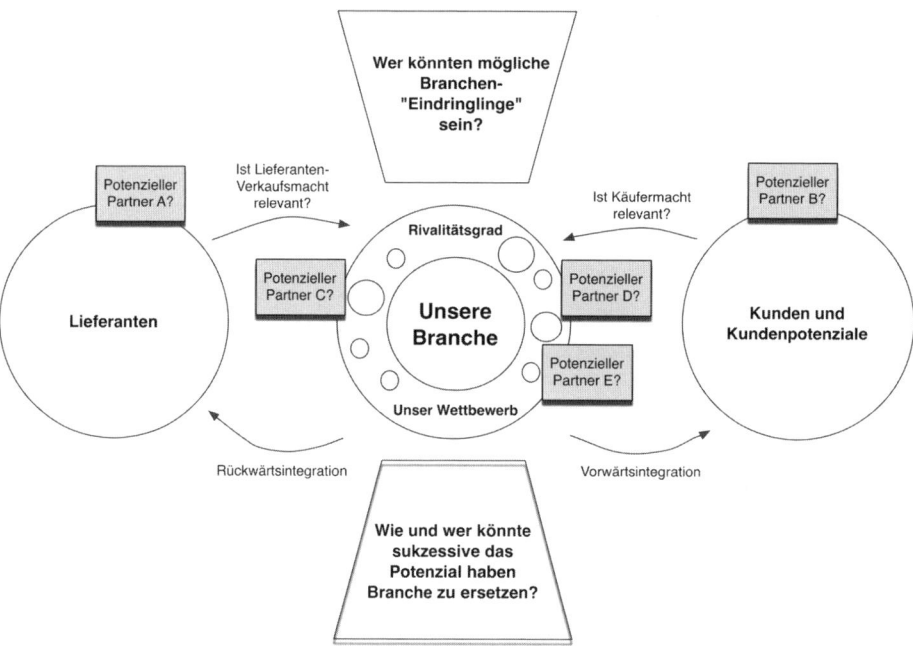

Abb. 47 Partnerpositionierung in der Branchenanalyse

Alle Ergebnisse, die von Partnern, von Kunden und die eigene Einschätzung, gehen nun in die Auswertungstabelle ein (vgl. Abb. 49).

Die so erreichten Punktzahlen entsprechen dann einer Bewertung, die es erlaubt, schon in dieser frühen Phase der Partnerschaft zu erkennen, ob die Partnerschaft eher kritisch zu sehen ist, eher sehr genau geprüft werden muss, ob sie ausbaufähig ist oder ein sehr gutes Potenzial bietet.

Dieses Analyse-Chart kann entsprechend mit oder ohne Branchenausrichtung genutzt werden. Gibt ein Partner vor, entsprechende „Branchen-Expertisen" oder gar eine strategische Ausrichtung auf Branchen zu haben, dann sollte in jedem Fall der Partner zu einer Branchenbewertung bewegt werden. (Seien Sie nicht enttäuscht, wenn sich die Branchenorientierung als Luftnummer entpuppt, die lediglich auf der Homepage gut aussieht.)

Tab. 6 Einschätzung des Partners

Partner schätzt sich und seinen Markt selbst ein: 1 = genügend, befriedigend, eher nicht, mäßig groß, nicht wirklich 2 = gut, hoch, ja, groß, teilweise 3 = sehr gut, sehr hoch, absolut, sehr groß, bekannt	Keine Branchenorientierung	Banken	Versicherungen	Sonstige Dienstleistungen	Telekommunikation	Retail	Industrie	Health	Öffentliche Hand
Bisheriger Marktanteil in diesem Markt									
Marketingaufwand im Vergleich zum Umsatz									
Bedarfsträger Anzahl innerhalb der Kundenunternehmen									
Segment-Potenzial diesen Zielkundenmarktes									
Kundenbedürfnisse bekannt									
Erreichbarkeit des Senior-Management bei unseren Kunden									

Tab. 6 (Fortsetzung)

Partner schätzt sich und seinen Markt selbst ein: 1 = genügend, befriedigend, eher nicht, mäßig groß, nicht wirklich 2 = gut, hoch, ja, groß, teilweise 3 = sehr gut, sehr hoch, absolut, sehr groß, bekannt	Keine Branchenorientierung	Banken	Versicherungen	Sonstige Dienstleistungen	Telekommunikation	Retail	Industrie	Health	Öffentliche Hand
Beeinflussungsgrad des eigenen Unternehmens in Bezug auf Markt und Neukunden									
Trends in der Branche bekannt									
Qualitätsbewusstsein der Kunden ausgeprägt									
Bearbeitungskosten für den typischen Kunden bekannt									
Preisbewusstsein steht im Vordergrund									
Aufgeschlossenheit der Kunden zu Trends									

Tab. 6 (Fortsetzung)

Partner schätzt sich und seinen Markt selbst ein: 1 = genügend, befriedigend, eher nicht, mäßig groß, nicht wirklich 2 = gut, hoch, ja, groß, teilweise 3 = sehr gut, sehr hoch, absolut, sehr groß, bekannt	Keine Branchenorientierung	Banken	Versicherungen	Sonstige Dienstleistungen	Telekommunikation	Retail	Industrie	Health	Öffentliche Hand
Komplementärprodukte zu einer umfassenden Lösung bekannt									
Partnerschaften zu Unternehmen mit Komplementärprodukte bestehen									
Wirtschaftlichkeit der eigenen Lösung im Markt									
Betriebsgröße des Unternehmens									
Bisherige Beziehungen zum Markt	0	0	0	0	0	0	0	0	0

Tab. 7 Partnereinschätzung aus Sicht eines seiner Kunden

Kunde des Partners schätzt Partner und seinen Markt selbst ein: 1= genügend, befriedigend, eher nicht, mäßig groß, nicht wirklich 2= gut, hoch, ja, groß, teilweise 3= sehr gut, sehr hoch, absolut, sehr groß, bekannt	Keine Branchen-orientierung	Banken	Versicherungen	Sonstige Dienstlei-stungen	Telekommunikation	Retail	Industrie	Health	Öffentliche Hand
Bisheriger Marktanteil in diesem Markt									
Marketingaufwand im Vergleich zum Umsatz									
Bedarfsträger Anzahl innerhalb der möglichen Kundenunternehmen im Markt									
Segment-Potenzial diesen Zielkundenmarktes									
Kundenbedürfnisse bekannt									
Erreichbarkeit des Senior-Management beim Unternehmen									

Tab. 7 (Fortsetzung)

Kunde des Partners schätzt Partner und seinen Markt selbst ein: 1= genügend, befriedigend, eher nicht, mäßig groß, nicht wirklich 2= gut, hoch, ja, groß, teilweise 3= sehr gut, sehr hoch, absolut, sehr groß, bekannt	Keine Branchen-orientierung	Banken	Versicherungen	Sonstige Dienstlei-stungen	Telekommunikation	Retail	Industrie	Health	Öffentliche Hand
Beeinflussungsgrad des eigenen Unternehmens in Bezug auf Markt und Neukunden									
Trends in der Branche bekannt									
Qualitätsbewusstsein der Kunden ausgeprägt									
Bearbeitungskosten für den typischen Kunden bekannt									
Preisbewusstsein steht im Vordergrund									
Aufgeschlossenheit der Kunden zu Trends									
Komplementärprodukte zu einer umfassenden Lösung bekannt									

Tab. 7 (Fortsetzung)

Kunde des Partners schätzt Partner und seinen Markt selbst ein: 1= genügend, befriedigend, eher nicht, mäßig groß, nicht wirklich 2= gut, hoch, ja, groß, teilweise 3= sehr gut, sehr hoch, absolut, sehr groß, bekannt	Keine Branchen-orientierung	Banken	Versicherungen	Sonstige Dienstleistungen	Telekommunikation	Retail	Industrie	Health	Öffentliche Hand
Partnerschaften zu Unternehmen mit Komplementärprodukte bestehen									
Wirtschaftlichkeit der Partner-Lösung im Markt									
Betriebsgrösse des Unternehmens									
Bisherige Beziehungen zum Markt									
	o	o	o	o	o	o	o	o	o

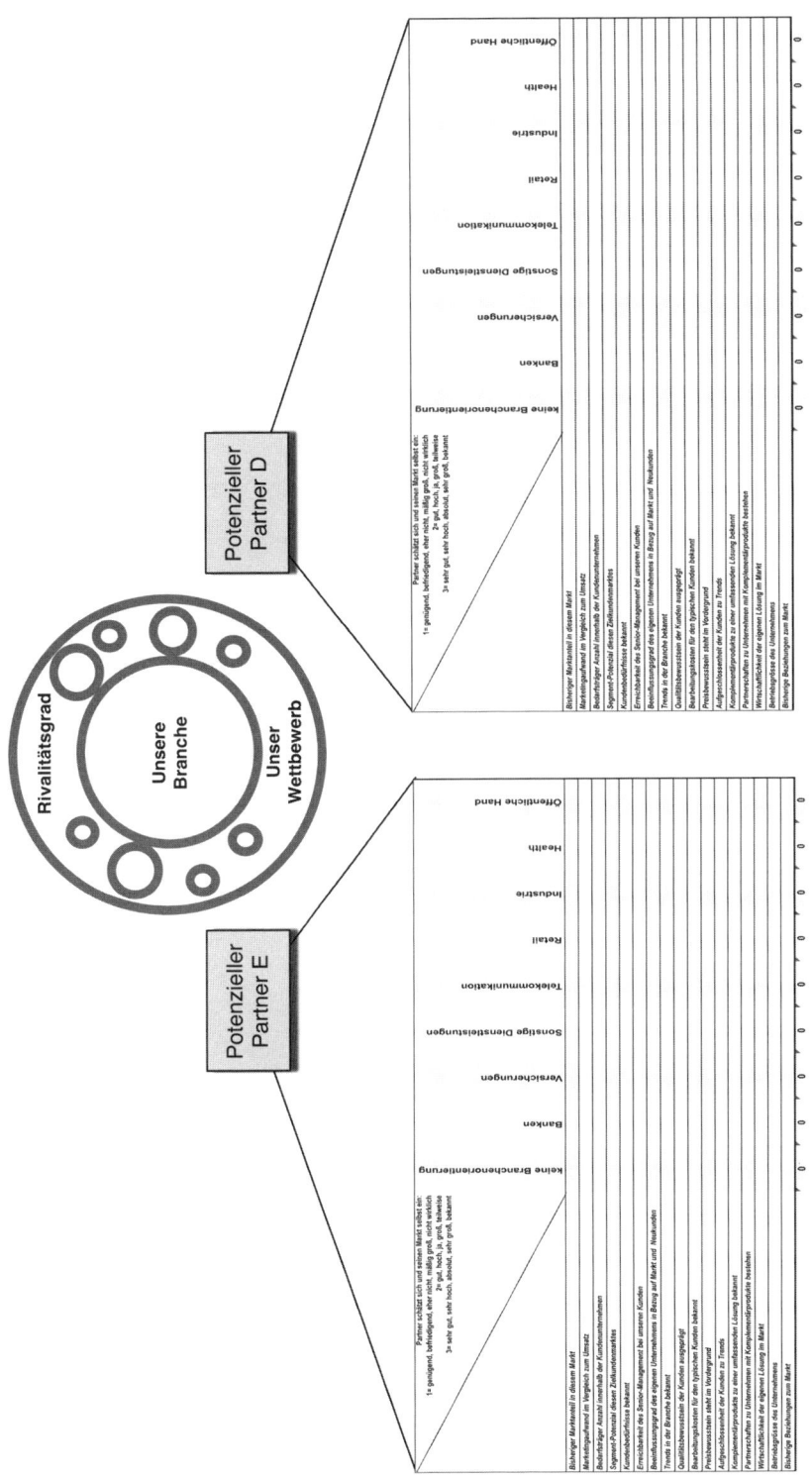

Abb. 48 Partnereinschätzungen und Branchenanalyse

Tab. 8 Partnereinschätzung aus unserer Sicht

Wir schätzen unseren Partner und seinen Markt selbst ein: 1= genügend, befriedigend, eher nicht, mäßig groß, nicht wirklich 2= gut, hoch, ja, groß, teilweise 3= sehr gut, sehr hoch, absolut, sehr groß, bekannt	Keine Branchen-orientierung	Banken	Versicherungen	Sonstige Dienstlei-stungen	Telekommunikation	Retail	Industrie	Health	Öffentliche Hand
Bisheriger Marktanteil in diesem Markt									
Marketingaufwand im Vergleich zum Umsatz									
Bedarfsträger Anzahl innerhalb der Kundenunternehmen									
Segment-Potenzial diesen Zielkundenmarktes									
Kundenbedürfnisse bekannt									
Erreichbarkeit des Senior-Management bei seinen Kunden									
Beeinflussungsgrad des Partners in Bezug auf Markt und Neukunden									

Tab. 8 (Fortsetzung)

Wir schätzen unseren Partner und seinen Markt selbst ein: 1= genügend, befriedigend, eher nicht, mäßig groß, nicht wirklich 2= gut, hoch, ja, groß, teilweise 3= sehr gut, sehr hoch, absolut, sehr groß, bekannt	Keine Branchen-orientierung	Banken	Versicherungen	Sonstige Dienstlei-stungen	Telekommunikation	Retail	Industrie	Health	Öffentliche Hand
Trends in der Branche bekannt									
Qualitätsbewusstsein der Kunden ausgeprägt									
Bearbeitungskosten für den typischen Kunden bekannt									
Preisbewusstsein steht im Vordergrund									
Aufgeschlossenheit der Kunden zu Trends									
Komplementärprodukte zu einer umfassenden Lösung bekannt									
Partnerschaften zu Unternehmen mit Komplementärprodukte bestehen									

Tab. 8 (Fortsetzung)

Wir schätzen unseren Partner und seinen Markt selbst ein: 1= genügend, befriedigend, eher nicht, mäßig groß, nicht wirklich 2= gut, hoch, ja, groß, teilweise 3= sehr gut, sehr hoch, absolut, sehr groß, bekannt	Keine Branchenorientierung	Banken	Versicherungen	Sonstige Dienstleistungen	Telekommunikation	Retail	Industrie	Health	Öffentliche Hand
Wirtschaftlichkeit der Partner-Lösung im Markt									
Betriebsgrösse des Unternehmens									
Bisherige Beziehungen zum Markt									
	0	0	0	0	0	0	0	0	0

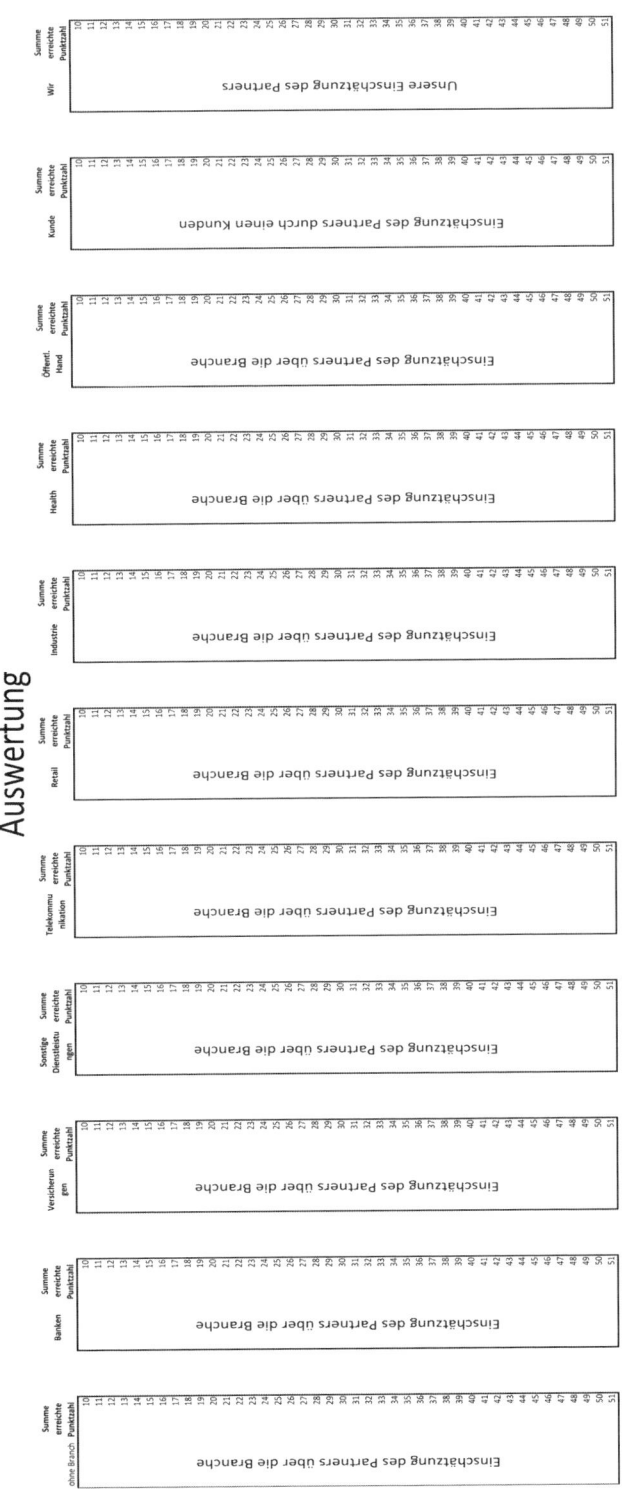

Abb. 49 Analyse – Auswertungsblatt

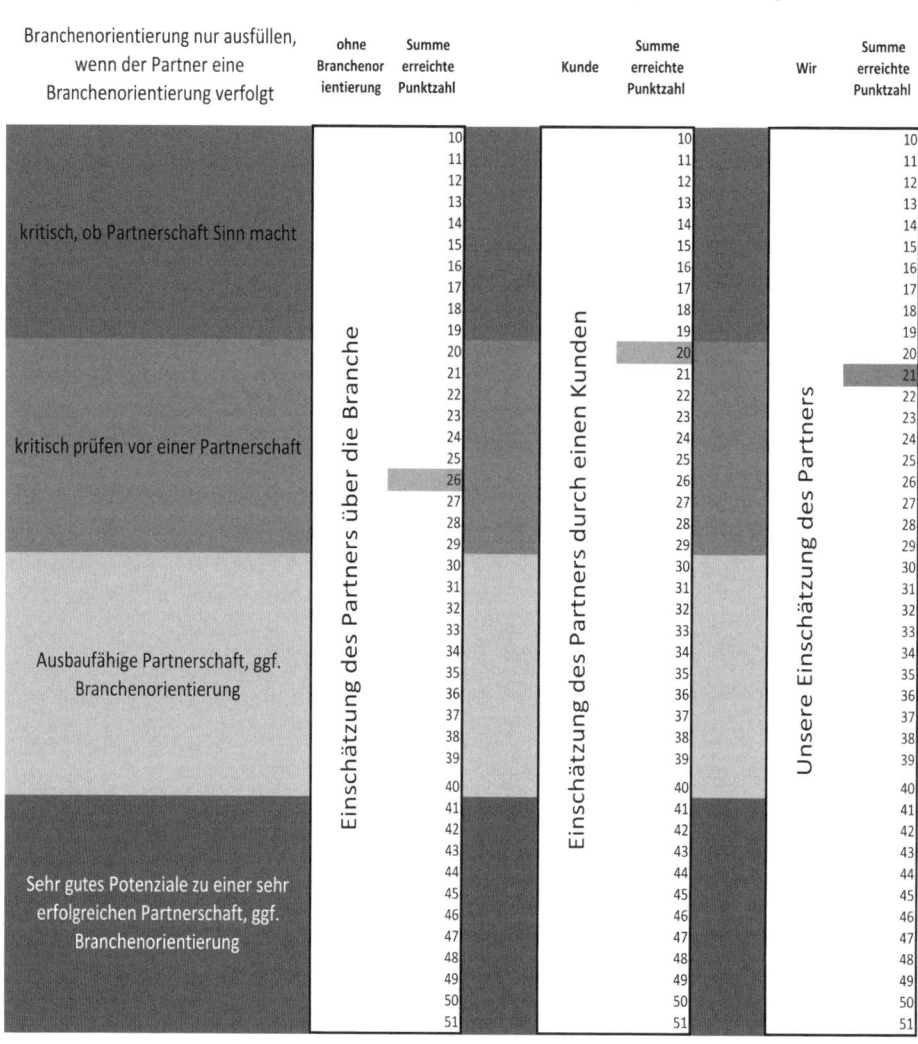

Abb. 50 Partnerbewertung – Auswertungsbeispiel

Das Beispiel in Abb. 50 zeigt, dass die Partnerschaft in Bezug auf einen Partner ohne Branchenorientierung sowohl vom Partner selbst, von einem seiner Kunden und von uns selbst als eher kritisch betrachtet wird.

Das Beispiel der Bewertung eines Partners mit Branchenorientierung in Abb. 51 macht deutlich, dass der Partner zwar Branchenstrategien definiert, sie aber wohl nicht in allen genannten Branchen gleich erfolgreich umsetzen kann. Zusätzlich haben wir den möglichen Partner und „seinen" Markt ähnlich schwach bewertet. Lediglich der Kunde hat den Partner und seinen Markt als durchaus positiv bewertet. In diesem Beispiel ist daher zu vermuten, dass der befragte Kunde aus dem Umfeld der Industrie, Handel oder aus dem Dienst-

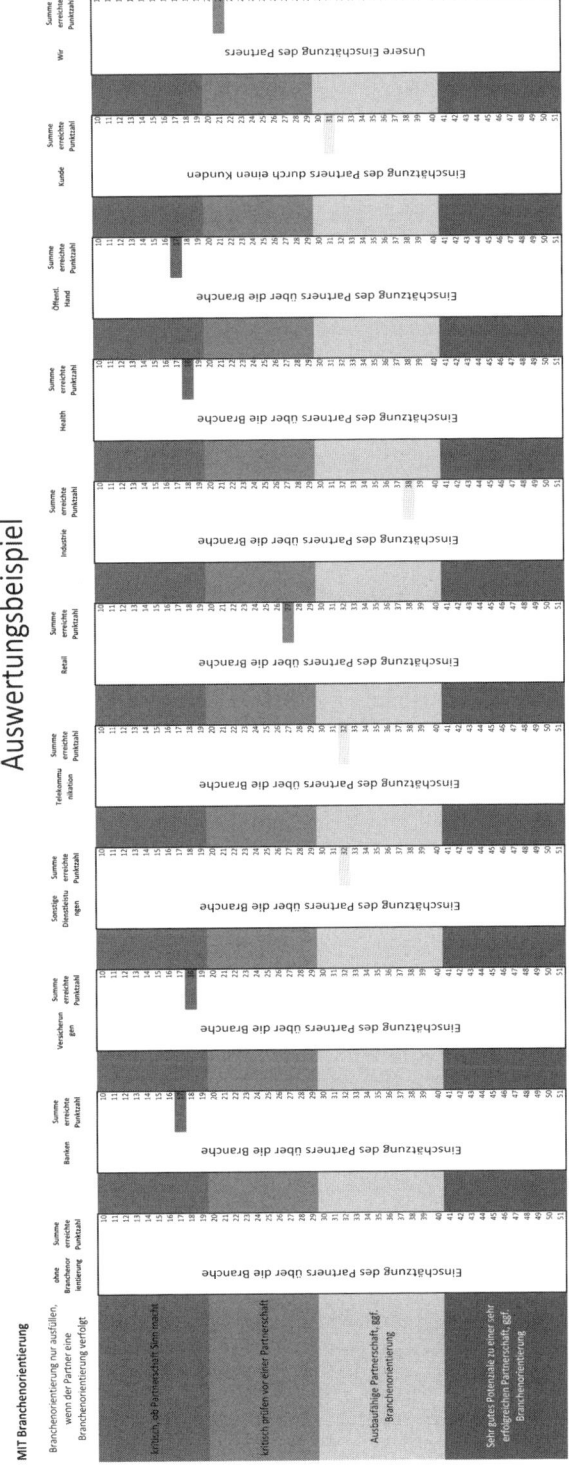

Abb. 51 Beispiel Partnerbewertung – Auswertungsbeispiel mit Branchenorientierung

leistungssegment stammt. Wenn dies nun ausgerechnet unserer strategischen Stoßrichtung (Branchenfokus) entspricht, müssen weitere Kunden aus diesen Branchen kontaktiert
werden, um das Bild zu validieren. Ist das Ergebnis wieder uneinheitlich, dann ist zu hinterfragen, warum die Branchen den Partner so unterschiedlich bewerten. Als Partnermanager
ist dann auch für sich zu klären, inwieweit man sich nur auf die sehr positiv bewerteten
Branchen in Bezug auf die Partnerschaft konzentrieren will, oder ob gerade in den Branchen
mit einer eher negativen Bewertung ein besonderes Partnerschaftspotenzial liegt.

Fazit & Erkenntnis

Die Positionierung im Branchenanalyse-Chart, die Bewertung des Partners über sich und
seinen Markt, die Bewertung aus Sicht eines Kunden des Partners (mit oder ohne Branchenorientierung) und die eigene Bewertung des Partners fördern in der Auswertung
die größten Diskrepanzen zu Tage. Es sind Diskrepanzen, die einerseits Möglichkeiten darstellen oder aber weitere Gespräche über eine Partnerschaft nicht mehr sinnvoll
erscheinen lassen, sodass Partner damit ausscheiden.

Schritt 21: Partner-Programme und -kategorien definieren

Entlang der Partner-Wertschöpfungskette ergeben sich Aktivitäten, die über Erfolg und
Misserfolg entscheiden. Diese Aktivitäten müssen formal im Unternehmen verankert sein
und sich entsprechend in einem Partner-Programm wiederfinden. Für den Partnermanager
ist zu diesem Zeitpunkt zu prüfen, in welchem Status sich die Partnerschaft formal befindet bzw. in welchem Programmteil im Partner-Programm die Partnerschaft angelangt ist.
Im Zuge der Entwicklungen im Partnermanagement entsteht so ein immer detaillierteres
Partner-Programm, das eine wiederkehrende Checkliste darstellt. Ein Partner-Programm
enthält einen Status zu vielen Aktivitäten, die erfolgen müssen, damit ein Partner im eigenen
Haus auch als solcher, eben als Partner, betrachtet wird. Am Ende des Partner-Programms
steht eine laufende Partnerschaft. Beispielhaft ist in Tab. 9 eine Kurz-Checkliste zum
Partner-Programm angefügt.

Im Zuge dieser Aktivitäten und mit Blick auf die Ressourcen weisen einige Unterneh-
men den Partnerkategorien Begrifflichkeiten zu wie etwa Platin-, Gold- und Silber-Partner.
Damit gehen unterschiedliche Verpflichtungen einher, was Investitionen, Trainings usw.
betrifft. Der Gedanke ist hier, den Partnern jeweils unterschiedliche Vorteile auf diesen
Unterkategorien anzubieten und sie dazu zu bewegen, sich beispielsweise von Silber zu
Gold zu entwickeln.

- **Silber-Partner**
  Diese Einstiegspartnerschaft eignet sich typischerweise für kleine bis mittelgroße Partnerunternehmen. Für den Silber-Partner ist profundes Branchen-Know-how oder ein
  spezieller geografischer Marktzugang charakteristisch. Zumeist haben sie eine fach-
  lich kompetente und gut eingespielte Vertriebs- und Servicemannschaft, die vollständig
  trainiert ist.

Tab. 9 Einfaches Partnerprogramm – Partneraktivitätenplan für die ersten Gespräche

Pre-Qualifikation des Partners	Check
Registrieren des potenziellen Partners in der zentralen Datenbank, ID wird zugewiesen, als Grundlage für die Dokumentverwaltung und Vertragswerk	√
Partnerziele und -strategien sind definiert, gemeinsame Identifikation des ersten Projektes und Opportunitätsliste von zwei weiteren Projekten in der Planung	√
Rahmen des Partnerschaftsvertrages und Verhandlungsliste sind definiert	√
Projektspezifisches Partner-Sales-Support-Team arbeitet mit der eigenen Pre-Sales-Abteilung am ersten potenziellen Projekt zusammen	√
Informationen an den eigenen allgemeinen Support & Service geliefert	√
Vertragsbedingungen diskutiert	√
Abschluss des ersten Projektes erfolgt	√
Partnerschaftsvertragsabschluss erfolgt	√
Partnermanager fasst Vertrag in Stichwörtern zusammen, verteilt an Rechtsabteilung, Support, Services, Marketing und den direkten Vertrieb	√
Neuer Partner wird auf den allgemeinen Informationsverteiler gesetzt	√
Neuer Partner wird im Vertriebs-CRM-Tool aufgenommen	√
Partner-Logo wird auf der eigenen Homepage angezeigt	√
Partner erhält Zugang zum Partner-Extranet	√
Kontaktnamen des Partners innerhalb des eigenen Unternehmens verteilt	√
Eigenes Logo wird auf der Homepage des Partners aufgenommen	√
Willkommensbrief an Partner	√
Interne Memos an alle Vertriebsmitarbeiter	√
Pressemitteilung jeweils in Absprache mit dem Partner erstellt und veröffentlicht	√
Pressemitteilung über das erste Projekt mit Partner intern veröffentlicht	√
Auftragsprozess für den jeweiligen Partner innerhalb des eigenen Unternehmens etabliert	√
Informationsmaterialien für den Partner erstellt und verteilt	√
Partner-Präsentationen, Überblick über Produkte und Dienstleistungen im Partner-Extranet und im eigenen Intranet veröffentlicht	√
„Partner User Conference" organisiert und „Neu-Partner" vorgestellt	√

Tab. 9 (Fortsetzung)

Pre-Qualifikation des Partners	Check
Programm/Marketing mit dem Partner besprochen	✓
Bestätigung des Demo- und Testsystems im eigenen und im Partnerunternehmen in Betrieb genommen	✓
Partner-Training definiert, organisiert und umgesetzt	✓
Gemeinsamer Marketing-Plan definiert – Budgetallokation erfolgt	✓
Gemeinsamer Partner-Entwicklungsplan, gemeinsame Go-To-Market-Strategie entwickelt und in Umsetzung	✓

- **Gold-Partner**

    Eine höhere Stufe des Partnerengagements ist zu meist erstrebenswert für größere Unternehmen, die außerordentliche Fähigkeiten im Vertrieb, Service und Branchen-Know-how bewiesen haben. Letzteres erstreckt sich auch auf verwandte Branchen. Ein Gold-Partner besitzt eine dedizierte Mannschaft, die sowohl Vertrieb- als auch Service-Know-how in Bezug auf die Partnerprodukte besitzt. Die mittelgroße Vertriebs- und Serviceabteilung ist trainiert und zertifiziert. Gold-Partner sind bereit, in Demo- und Testsysteme zu investieren, und verpflichten sich zu einer bestimmten Umsatzzielgröße.

- **Platin-Partner**

    Diese Partnerschaftsebene ist reserviert für Großunternehmen, die globale Vertriebs- und Serviceerfahrungen branchenübergreifend anbieten können und über umfassendes Know-how und Ressourcen in den Bereichen Business-Process-Engineering, Implementation, Konfiguration, Planung und Endkunden-Services verfügen. Sie erfahren höchste Aufmerksamkeit durch das eigene Top-Management und erhalten den Vorzug, besondere Informationen über Produktweiterentwicklung weit im Voraus zu bekommen. Platin-Partner unterhalten entsprechende Fachgruppen in diesem Bereich und sind bereit, gemeinsame, überdurchschnittliche Marketingbudgets auszuloben.

Typischerweise erfolgt die Einordnung der Partner in Silber, Gold und Platin anhand vorab definierter Kriterien, wie sie in Tab. 10 beispielhaft aufgeführt sind und im ersten Jahr erfüllt sein müssen. Tabelle 11 zeigt exemplarisch eine Statuseinteilung je nach Partnerkategorie.

Schritt 22: Aktivitäten und Ressourcen allokieren

Über diese Standardthemen hinaus gibt es zahlreiche Aktivitäten, die noch mehr Ressourcen im Unternehmen binden als etwa das Partner Programm. Der Partnermanager muss diese Aktivitäten ständig in eine zeitliche Abfolge bringen und zwar je nachdem, welcher Aufwand mit dem ersten Kunden-Unternehmen-Partner-Projekt einhergegangen ist. Einige

Tab. 10 Beispiel Partnerkategorien – 1

	Platin-Partner	Gold-Partner	Silber-Partner
Discount	50 + %	35–50 %	15–35 %
Umsatzziel	< € × Mio. 1. Jahr	< € × Mio. 1. Jahr	< € × Mio. 1. Jahr
Trainiert und Zertifiziert	20 Vertrieb,	10 Vertrieb,	5 Vertrieb,
	10 Consultant	3 Consultant	2 Consultant
Zusätzliche Besonderheiten			
Re-Seller			
ASP			
OEM			
SI			
etc.			

Partnermanager neigen dazu, alle Aktivitäten zunächst im Detail zu beschreiben. Davon raten wir ab, da zu diesem Zeitpunkt die Partnerschaft noch keinen fortlaufenden Umsatz generiert hat und deshalb die allokierten Ressourcen geschont werden müssen. Definieren Sie Aktivitäten aus, wenn sie anstehen. Arbeiten Sie zu diesem Zeitpunkt nur mit groben Stichworten.

Für eine spätere Partnerkategorisierung kann es Sinn machen, für alle folgenden Aktivitätenfelder je nach Partnerkategorie Ausprägungen zu definieren, wie etwa in Bezug auf Response-Zeiten im Service & Support oder Budgetangaben für gemeinsame Marketingaktivitäten etc. Zum jetzigen Zeitpunkt im Partner-Recruiting reicht beispielsweise die Liste in Tab. 12.

Fazit & Erkenntnis

Ob der Partner sich einer starren Partnerkategorisierung unterwerfen lässt oder nicht, ist zweitrangig. Manche Partner kämpfen für eine besondere Partnerkategorie aus einem reinen „Ego-Thema" heraus. Wie die Partnerschaft wirklich gelebt wird und wie erfolgreich sie letzten Endes ist, sind die wichtigsten Kennzeichen der Partnerschaft. Manche Unternehmen nutzen diese Partnerkategorie-Strukturen nur im internen Gebrauch. Insbesondere aber bei sehr zahlreichen Partnern kommt man nicht umhin, diese Kategorien aufzuzeigen. Für jede der Partnerkategorien sollten zumindest für den internen Gebrauch alle möglichen Aktivitätenfelder und deren Ausprägung definiert sein. Sie liefern auch immer eine Grundlage für Gespräche mit den Partnern, um alle Themen immer wieder zu besprechen.

Tab. 11 Beispiel Partnerkategorien – 2

	Platin	Gold	Silber
Partner und Partnermanager ausgewählt	+ +	+	–
Fertiger Partner-Plan	+ +	+ +	+
Markt- und Branchenbewertung	+ +	+	•
Demosystem gekauft	2 Minimum	1 Minimum	Nicht notwendig
Recht, das Partnerlogo zu verwenden	+	+	+
Web-based Trainings	+	+	+
„Train the Trainer"-Konzept	+	•	•
Gemeinsames Marketing auf gemeinsamer Basis und in gemeinsamen Marktsegmenten	+	+	•
Partner auf der eigenen Homepage vertreten	+	+	+
Partner hat Zugang zum Partner- Extranet	+ ggf. extra Link für Gold-Partner	+	+
Gemeinsame Kundenreferenz- und Erfolgsartikel, Werbung	+ + +	+ +	+
Gemeinsame Partnerschaft-Pressemitteilung	+	+	€
Demonstrationen im Extranet	+	+	+
Demonstrations-Systeme	+	+	€
Definiert: Partner Technischer Support	ggf. extra abgestellte Support Einheit	+	+
	€	€	•

Tab. 11 (Fortsetzung)

	Platin	Gold	Silber
Gemeinsame Messeauftritte	€ €	€	€
Besuch der Kunden-„User-Conference"	% % %	% %	%
Discount für Training	+ +	+	•
Gemeinsame Vertriebsaktivitäten	+ + +	+ +	+

Tab. 12 Aktivitätenfelder und Ressourcenallokation

	Wer zu involvieren	Arbeitsstunden	Material- und sonstige Kosten
Allgemein			
Welche Ziele haben wir mit diesem Partner?			
Welche Ziele hat der Partner?			
Welche gemeinsamen Ziele?			
Welche gemeinsame Strategie?			
Definition des Portfolios			
Abstimmung der Kernkompetenzen der Partner			
Abstimmung der in das Partner-Portfolio passenden Produkte und Dienstleistungen von uns			
Solutions-Workshop			
Abgleich der erforderlichen Beratungs- und Integrations- und Entwicklungsleistungen			
Definition von Bausteinen			
Definition von verschieden Service/Support-Paketen			
Produkteinführung in die Partnerorganisation			
Partner-Zertifizierung – Programm – Umsetzung			

Tab. 12 (Fortsetzung)

	Wer zu involvieren	Arbeitsstunden	Material- und sonstige Kosten
Produktentwicklung; Produktmanagement			
Konzept für Update-Prozedur			
Anwendungslösungen			
Angebotstexte und -grafiken			
Druckschriften (Vertrieb, Technik, Referenzen, Case Studies)			
Foliensätze			
Vertriebshandbücher			
Projektierungs- und Kalkulationshinweise			
Change-Request-Verfahren			
Partnermanagement als Teil des Verkaufs			
Abstimmung Marktsicht und Marktzahlen			
Abgleich Verständnis der Begriffe am Markt			
Abstimmung der Marktzahlen und Infos aus Studien als gemeinsame Planungsgrundlage			
Definition des Marktpotenzials bezogen auf unser heutiges und morgiges Leistungsportfolio			
Abgleich mit Marktpotenzial aus Sicht der Business Unit des Partners			
Abstimmung der Zielmärkte			
Abstimmung der Branchen			
Beschreibung des Mehrwert-Potenzials			
Definition von Solution-Bundles			
Definition des Mehrwerts des Partners bzgl. der gemeinsamen Lösungen			
Definition von USP für die Bundles			

Tab. 12 (Fortsetzung)

	Wer zu involvieren	Arbeitsstunden	Material- und sonstige Kosten
Positionierung des Portfolios gegenüber			
Mitbewerber			
Partnereigenes Portfolio			
Partnerportfolio seiner anderen Partner			
SWOT Analyse			
Wiederkehrende Bewertung der Stärken			
Wiederkehrende Bewertung der Schwächen und Gegenmaßnahmen (bzw. Argumente)			
Wiederkehrende Bewertung weiterer Möglichkeiten			
Wiederkehrende Bewertung von Bedrohungen (Markt-, Unternehmens-, Wirtschaftspolitik) und Gegenmaßnahmen			
Preispolitik und Aufschläge			
Bestimmung des Discounts auf Produkte und Leistungen			
Bestimmung der Installations-, Service- und Support-Preise			
Bestimmung der Preise für Leistungen nach Aufwand			
Abstimmung der „Bepreisungskette", Aufschläge			
Festlegung der Margenziele			
Einführung von Incentives			
Ressourcen und Investitionen			
Definition der Investments in die Partnerschaft			
Bestimmung der Aufwände für die Maßnahmen zur Erreichung der Ziele			
Commitment für die Ressourcen			

Tab. 12 (Fortsetzung)

	Wer zu involvieren	Arbeitsstunden	Material- und sonstige Kosten
Festlegung einer gemeinsamen Vertriebsstrategie			
Definition der Eckpunkte, wie die Lösungen in den Markt gebracht werden			
Festlegen der Absatzziele/Umsatzziele			
Aktivitäten Planung mit Priorisierung			
Aufstellung eines Aktivitätenplans mit Ressourcenallokation			
Festlegung der zeitlichen Abfolge			
Commitment und Verantwortlichkeiten			
Ansprechpartner-Matrix			
Regelmäßige Management-Meetings			
Kickoff-Meeting			
Organisationsinformationsaustausch			
Lenkungsausschuss (Konfliktmanagement, …)			
Einladungen zur gegenseitigen Produktentwicklung für Entwicklungen			
Information über Veränderungen in der eigenen Organisation			
Information über Veränderungen in der Partner-Organisation			
Austausch von Organisations-Charts			
Auftritt im Intranet beim Vertriebs-Partner			
Welche Sichtweisen auf die existierenden Intranet-Services?			
Komplette logische Baumstruktur aus Sicht Kunde/Vertrieb über Angebot			
Definition der Inhalte			

Tab. 12 (Fortsetzung)

	Wer zu involvieren	Arbeitsstunden	Material- und sonstige Kosten
Definition der Darstellung der Inhalte			
Aufbereiten unserer Informationen mit Hinblick auf Vermarktungspolitik der Partner			
Partnermanagement als Bereich innerhalb des Verkaufs			
Freigabe der Headcounts			
Definition von Positionen und Aufgaben			
Personalbeschaffung			
Organisations-Chart des Partnermanagement in „einem" Projekt			
Besprechungskultur (Regeln, Anzahl, Form, Inhalt, Protokoll)			
Abstimmung der Terminpläne (Transparenz)			
Definition einer Struktur zur Ablage von Daten im Netz			
Definition der Ziele der Abteilung			
Definition der Performance-Kriterien			
Definition der Provisionsziele			
Definition der Identität, Image, Vision			
Einführung und Nutzung eines Tools zum Follow-Up der Aktivitäten			
Definition der Geschäftsprozesse			
Process Owner: Aufstellung und Überwachung der wesentlichen Aufgaben entlang des Partnerschaftswertprozesses			
Das Image des Partnermanagers im Unternehmen			

Tab. 12 (Fortsetzung)

	Wer zu involvieren	Arbeitsstunden	Material- und sonstige Kosten
Argumente und Modellrechnung für die Effektivität des indirekten vs. direkten Vertrieb (Multiplikator, Aufwand, Add-On)			
Bewertung der heutigen Partnerbeziehungen entlang der Prozesskette			
Strategie und Aktivitäten für die operative Zusammenarbeit mit den Account Managern			
Aufbereitung der Informationen über die Vorteile der Partner und die Zusammenarbeit mit ihnen			
Abstimmung einer transparenten Vorgehensweise für die Kundenakquisition			
Verkauf			
Erarbeitung von Kennzahlen für eine erfolgreiche Zusammenarbeit			
Abstimmung mit dem Vertrieb			
Response-Zeiten			
Trainings für Vertrieb			
Training für Produkt und Service-Kalkulationen			
Lieferzusagen			
Regelmäßiges Briefing der Account Manager über Partner-News			
Übersicht Win-Loss			
Abstimmung der Vorgehensweise bei Kunden-Prospects			
Verkaufsförderung und Marketing			
Einbringen von Informationen in die existierenden Vertriebsinfosysteme			
Bekanntmachung durch Veröffentlichungen in den Infoschriften der Partner			

Tab. 12 (Fortsetzung)

	Wer zu involvieren	Arbeitsstunden	Material- und sonstige Kosten
Vorträge auf Vertriebsmeetings, Technik Support Meetings (Roadshow)			
Bekanntmachung der Zusammenarbeit (Fachzeitschriften)			
Konzept für Info-Pipelines über Produkte & Services			
Extranet für Partner einführen, pflegen			
Konzept für halbjährliche Infoveranstaltungen über News und Strategien			
Einführung eines Newsletter			
Medienkonzept für Gemeinsame Presseveröffentlichungen			
Konzept für Vertriebsveranstaltungen (Themenschwerpunkte)			
Konzept für gemeinsame Kundenveranstaltungen (z. B. VIP-Foren)			
Konzept für gemeinsame Messe und Kongressauftritte (Jahresplanung)			
Gemeinsamer Marktauftritt			
Spezielle Vermarktung von Mehrwert-Bundles			
Spezielle Kundenstrategiebesprechungen in einzelnen Niederlassungen			
Koordination von Kongressvorträgen			
Durchführung und Koordination eines gemeinsamen Messeauftritts			
Pflege der Info-Pipelines über Produkte & Services, Referenzen und Anwendungsbeispiele			
Speziell angepasste Foliensätze in Deutsch			

Tab. 12 (Fortsetzung)

	Wer zu involvieren	Arbeitsstunden	Material- und sonstige Kosten
Pflege des Extranet für Partner			
Organisation und Durchführung der halbjährlichen Infoveranstaltungen über Neuheiten und Strategien			
Regelmäßige Veröffentlichung eines Newsletter			
Gemeinsame Presseveröffentlichungen			
Organisation von Vertriebsveranstaltungen (Themenschwerpunkte)			
Organisation von Kundenveranstaltungen (z. B. VIP Foren)			
Organisation der Messe und Kongressauftritte			
Service			
Response-Zeiten			
Antrittszeiten für Beratungsressourcen			
Trainings für Service			
Projektmanagement-Verständnis und Umsetzung			
Projektablaufplan			
Schulungsangebot für Systemadministration, Projektleiter etc.			
Lieferzusagen, Lieferungen, Verfügbarkeit, Qualität			
Kontrolle der Response-Zeiten			
Change-Request-Verfahren			
Support			
Response-Zeiten			
Antrittszeiten für Supportressourcen			
Trainings für Support			

Tab. 12 (Fortsetzung)

	Wer zu involvieren	Arbeitsstunden	Material- und sonstige Kosten
Lieferzusagen, Lieferung & Qualität, Lagerung			
Reaktionszeiten			
Antrittszeiten			
Aufgabenteilung			
Service Level Agreements (Antritts-, Reaktionszeiten,..)			
Ersatzteilversorgung/-haltung			
Test- und Demo-Center			
Support Center für 1st Level Support mit Tracking System			
Customer Support Trainings			
Beschwerdemanagement			
Support-Vertrag			
Regelmäßige Prüfung und Anpassung			
Überarbeitung der Terms (Haftung, . . .)			
Bausteine für die einzelnen Support-Leistungen			
Regelmäßige Bewertung der Konditionen in Verbindung mit den erreichten Absatzzielen			
Einhalten von Lieferzusagen			
Kontrolle der Response-Zeiten			
Finanzen			
Prozedur zur Bezahlungsregelung			
Prozedur zur Rechnungstellung			
Prozedur zum Abgleich offener Rechnungen			

Schritt 23: Der erste Kontaktplan entsteht

Mit dem Kontaktplan verfolgen wir zwei Ziele:

* Er verschafft dem Partnermanager einen guten Überblick über seine „Durchdringung" des Partnerunternehmens.
* Es entsteht ein Netzwerk, auf das sich der Partnermanager im Falle von vertrieblichen, technischen und finanziellen Eskalationen verlassen kann und das entsprechend Lösungen schnell herbeiführen kann.

Für alle Themen, die bisher besprochen wurden, wie die Markt- und Branchenanalysen, SWOT-Analyse, Wertketten-Analyse, Partner-Markt-Bewertung und die soeben vorgestellten Aktivitäten im Partner-Programm und im „laufenden Betrieb" gilt, dass in den seltensten Fällen der Ansprechpartner der einzige „Glücklichmachende" im Partnerunternehmen ist. In den meisten Fällen werden wir durch ihn allenfalls eine Tendenz, eine Meinung zu einem Thema erhalten. Deshalb muss der Partnermanager zu jedem der Themen und Aspekte der Partnerschaft einen Ansprechpartner kennen, um zu profunden und validen Antworten auf seine Fragen zu kommen.

Gerade zu Beginn der Partnerschaft wird der Ansprechpartner beim Partner ein „Herumrennen" des Partnermanagers in seinem eigenen Unternehmen nicht wohlwollend sehen.

* Wenn der Partnermanager des Partnerunternehmens bereitwillig als Türöffner arbeitet, dann bewertet er die zukünftige Partnerschaft bereits als positiv.
* Ist der Partnermanager des Partnerunternehmens nicht dazu bereit oder will er den Partnermanager daran hindern, seine Kontakte im Partnerunternehmen auszudehnen, dann heißt dies wiederum: Der Partnermanager des Partnerunternehmens ist gegenüber der Person oder des Unternehmens oder der Partnerschaft insgesamt skeptisch eingestellt, oder aber seine Person im eigenen Unternehmen ist so schwach, dass er nicht als Türöffner fungieren kann und er keine Hausmacht oder Kontakte zu wenigstens einem Mitglied im Top-Management besitzt.

Der Partnermanager kann aber in beiden Fällen die aktuellen und zukünftigen Themen nach jeder Besprechung zusammenfassen und nach der verantwortlichen Abteilung und dem richtigen Ansprechpartner fragen. Sukzessive entsteht so ein Kontaktplan, der nicht nur mit Abteilungsbezeichnungen gefüllt wird, sondern auch mit Namen.

Dieser Kontaktplan wird dann auf das Organisations-Chart des Partnerunternehmens übertragen, so dass man weiß, ob man sich in Bezug auf das Partnerschaftsthema im „hierarchischen" Maß bewegt. Das hierarchische Maß wird bestimmt anhand der Bedeutung, die diese Partnerschaft für das Unternehmen hat. Wenn beispielsweise ein Software-App-Hersteller mit der Deutschen Telekom „partnern" will, dann ist es nicht notwendig, seinen Kontaktplan bis zum Vorstand auszuweiten. Wenn ein Unternehmen mit einem kleineren Unternehmen „partnern" will, dessen Kernprodukt unseren neuen, erweiterten

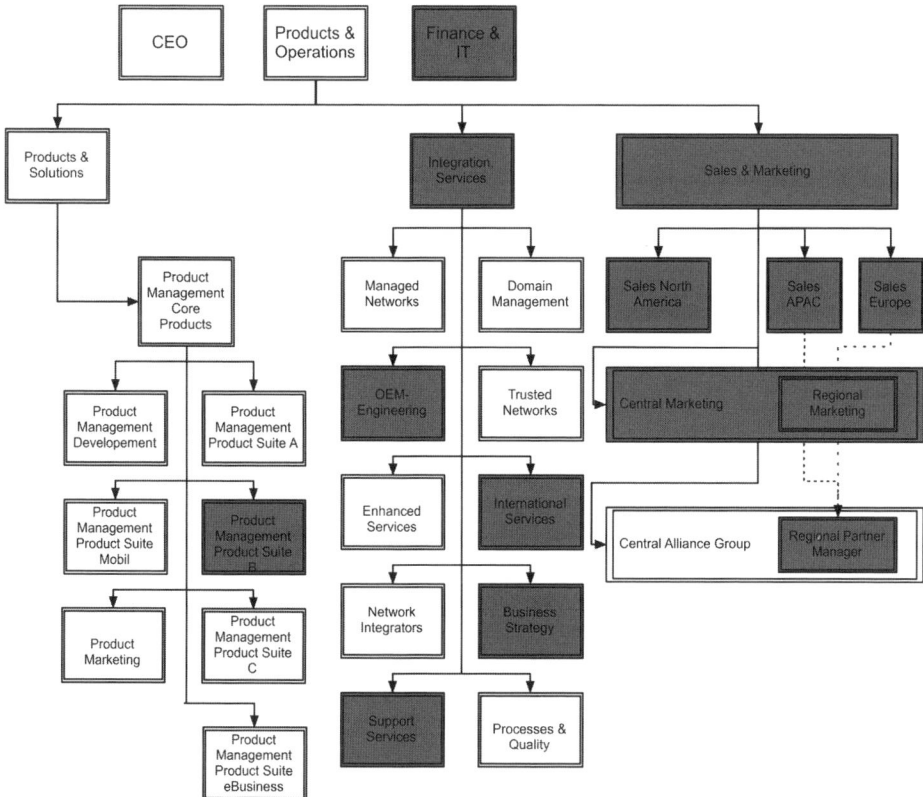

Abb. 52 Organisationsstruktur und potenzielle Ansprechpartner

Zielmarkt genau bedient, dann sollte es die Aufgabe des Partnermanagers sein, Zugang zur Geschäftsleitung herzustellen.

Für eine Partnerstrategie, die gegenseitige Produkt-Service-Bundle vorsieht, um beispielsweise ein unteres Zielsegment zu adressieren, sieht der Kontaktplan mindestens eine Kontaktanzahl wie in Abb. 52 dargestellt vor.

Jeder dieser Abteilungen und Bereiche sollte eine offenen Fragen- und Themenliste zugeordnet sein und nach einer „gewissen" Zeit ein Ansprechpartner und ein „Back-Up-Ansprechpartner" bekannt und kontaktiert worden sein. Bei Folgekontakten bietet sich je nach vorausschauenden Potenzial an, das Pendent aus dem eigenen Unternehmen mit in die Gespräche einzubeziehen.

Fazit & Erkenntnis

Partnermanagement ist ungleich kontaktintensiver als der direkte Verkauf. Sich dieser Vielfalt an Ansprechpartnern und Beziehungen bewusst zu sein, wirkt auf viele Partnermanager zunächst befremdlich. Nicht destotrotz müssen ständig alle Ansprechpartner betreut werden, die in der Wertkette des gemeinsamen Partnerschaftsgeschäfts mitwirken. Hierbei ist insbesondere auf das richtige hierarchische Maß zu achten.

Schritt 24: Das Partner-Prozesshandbuch schreiben

Zu Beginn einer Partnerschaft stellt man sich zumindest die gegenseitige Organisation vor. Der jeweilige Partnermanager wird nun seinerseits versuchen, seinen Kontaktplan inklusive seiner Themen zu positionieren. Dass dies passiert, liegt in der Natur der Aufgabe des Partnermanagements; das Netzwerk muss eben groß und tragfähig sein. Allerdings ist so ein Netzwerk nicht besonders zielführend, wenn es gilt, die Partnerschaft im Rahmen der Partnerprogramme zum Laufen zu bringen oder gar erste Projekte in der Organisation des jeweiligen Partnerunternehmens zu begleiten und den richtigen und schnellen Zugriff auf Ressourcen zu garantieren. Entsprechend kleinere und schnell agierende Organisationseinheiten müssen gebildet werden, insbesondere vor dem Hintergrund des ersten Projektes und im Falle von Eskalationen.

Ein Lenkungsausschuss kann Abhilfe schaffen und sowohl für die ersten Projekte, die Initiierung des Partnerprogramms und später im laufenden Betrieb genutzt werden. Typischerweise verändert sich der Lenkungsausschuss aber im Laufe der Partnerschaft sowohl von der Struktur als auch von seinen Mitgliedern her.

Das Partnerschaftsteam ist der Treiber der Partnerschaft. Zumeist sind hier die beiden Partnermanager diejenigen, die die „Fäden" zusammenhalten. Das Partnerschaftsteam berichtet regelmäßig an die Projektsteuerung, die zumeist aus mindestens einem, wenn nicht sogar mehreren Mitgliedern des Top-Managements zusammengesetzt ist. Oft wird die Projektsteuerung zu Beginn einer Partnerschaft im weiteren Verlauf einer erfolgreichen Partnerschaft umbenannt, beispielsweis in Partnermanagement Gremium. Dabei geht es nicht nur um reine Informationswege, sondern auch um Vorbereitung und Absprachen, wenn es gilt, Geschäftsführungs- und Entscheidungsbeschlussvorlagen zu erstellen. Alle Gespräche zwischen den Unternehmen erfolgen zu Beginn der Partnerschaft immer über das Partnerschaftsteam. Das Partnerschaftsteam koordiniert und kontrolliert die Ergebnisse aus Gesprächen und technischen Abstimmungsprozessen. Das Partnerschaftsteam und nicht die Projektsteuerung verantworten die Kommunikation zu den jeweiligen Unternehmensbereichen wie Logistik, Vertrieb etc. (vgl. Abb. 53).

In den frühen Phasen einer Partnerschaft tendiert die Projektsteuerung dazu, Informationen selbst weiterzuvermitteln. Dieses Problem ist klar in der ersten Besprechung „Partnerschaftsteam und Projektsteuerung" anzusprechen. Wenn die Projektsteuerung ständig Informationen gegenseitig austauscht, im jeweiligen Unternehmen Informationen an andere Unternehmensbereiche weitergibt, dann entstehen Informationsinkonsistenzen und das Partnerschaftsteam verliert seine „Macht als Koordinierungsstelle". Das Partnerschaftsteam wird zur Feuerwehr und die Partnerschaft kann deutlich an Fahrt verlieren (vgl. Abb. 54).

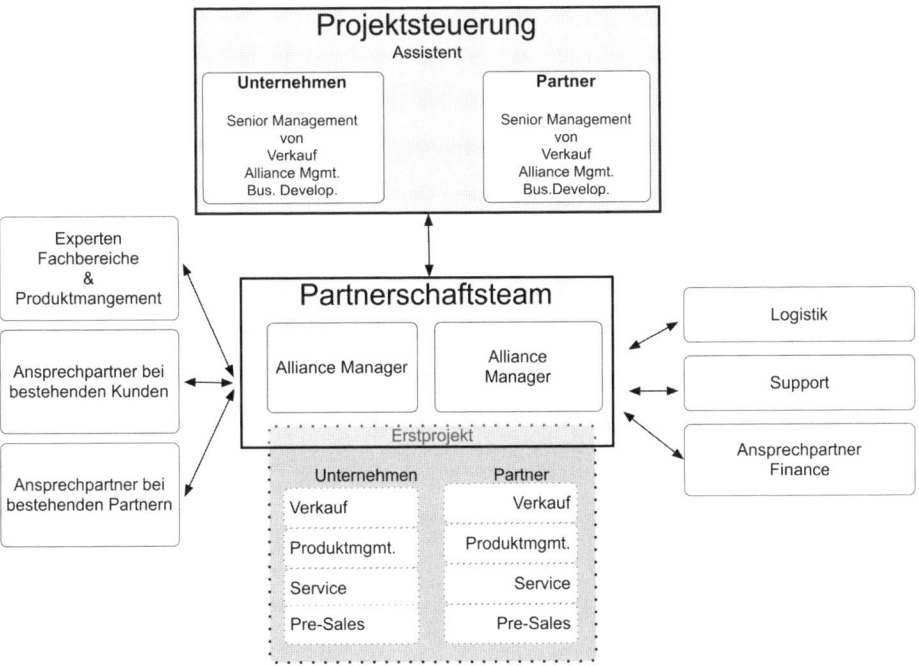

Abb. 53 Partnerschaftsteam und Projektsteuerung

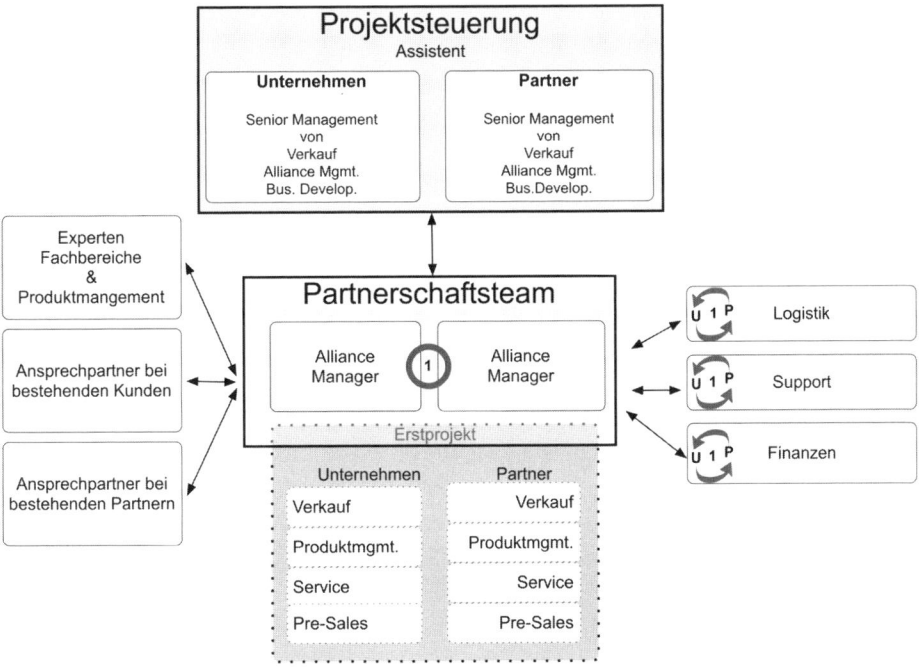

Abb. 54 Partnerschaftsteam und Projektsteuerung und 1. Kontaktphase

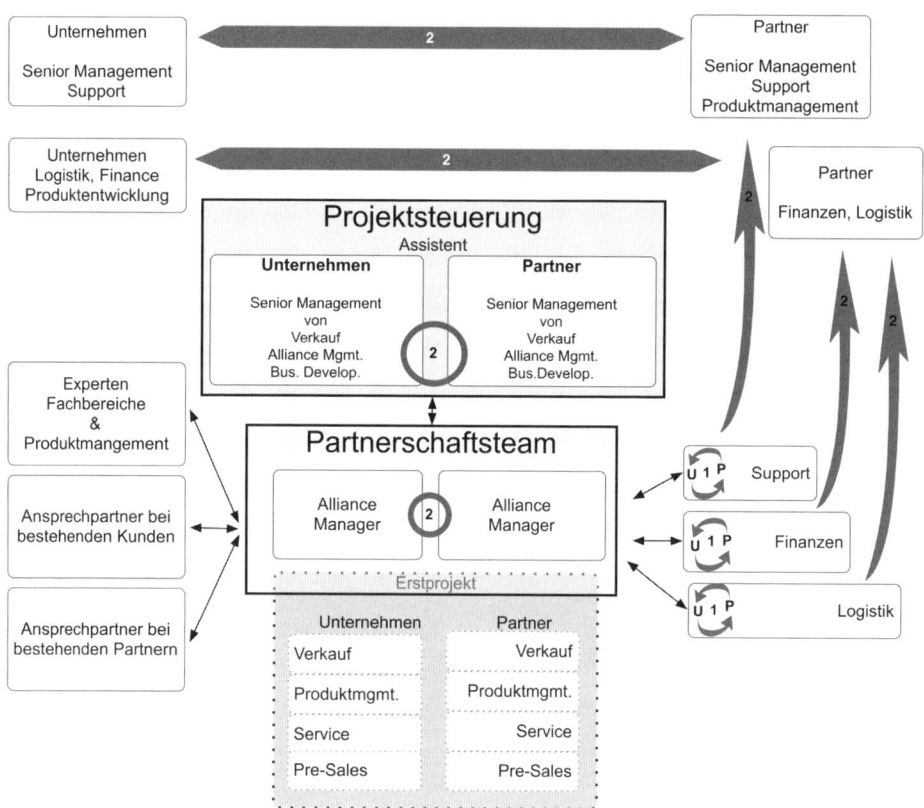

Abb. 55 Partnerschaftsteam und Projektsteuerung und 2. Kontaktphase

Im weiteren Verlauf der Partnerschaft, wenn also die Partnerschaftsinitiierung und das Partnerschaftsprogramm bereits zu 75 % durchlaufen sind, kann in dieser 2. Phase das Partnerschaftsteam damit beginnen, die jeweiligen Ansprechpartner des eigenen Unternehmens und des Partnerunternehmens zusammenzubringen. Dies betrifft vor allem die Teams aus dem jeweiligen Unternehmen, die im Rahmen eines ersten Projektes zusammenarbeiten, und insbesondere die Bereiche Logistik, Service, Support und Finanzen, die im ersten Projekt notwendig sind (vgl. Abb. 55).

In der nächsten, dritten Phase sprechen die jeweiligen projektspezifisch Involvierten mit dem jeweiligen Management. Die erste Besprechung der jeweiligen Projektsteuerungsmitglieder und des Senior-Managements untereinander findet statt. In dieser Phase ist es extrem wichtig für das Partnerschaftsteam, dass es über alle Gespräche informiert wird. Damit dies gelingt, kann sich das Partnerschaftsteam nicht auf eine Bringschuld berufen, sondern muss ständig eine Holschuld verinnerlichen und sich selbst abverlangen.

Mit der Zeit entsteht sukzessive ein gemeinsamer Lenkungsausschuss, der nicht mehr als sechs Mitglieder haben sollte. Je nach Partnerschaftsstrategie besteht der Lenkungsausschuss aus den beiden Partnermanagern und den beiden Verantwortlichen für Verkauf und/oder Produktmanagement. Die Mitglieder sind in Abb. 56 mit einem durchgehenden

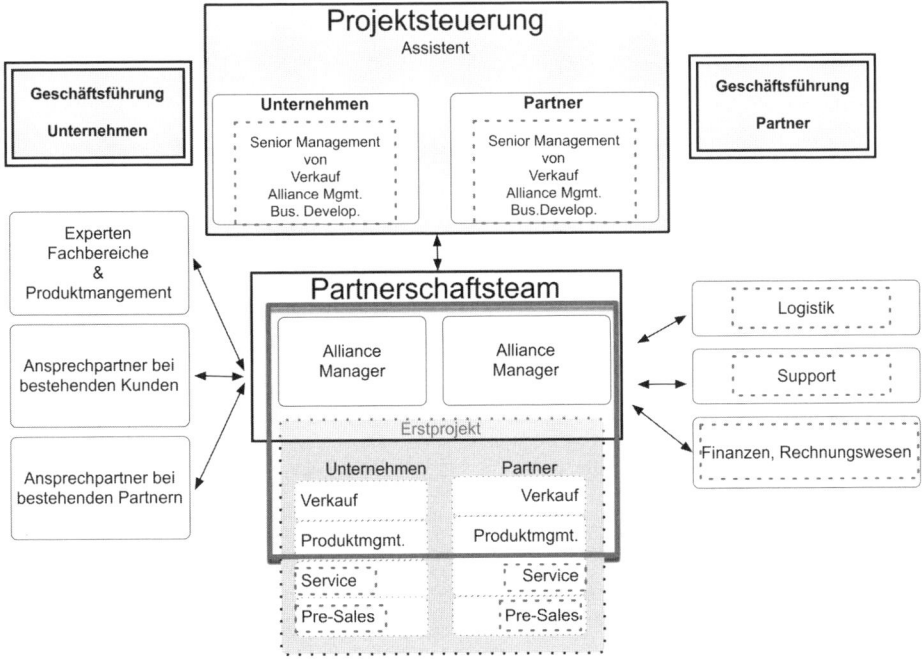

Abb. 56 Erweitertes Partnerschaftsteam im ersten Projekt

Rechteck markiert. Im erweiterten Lenkungsausschuss, hier gestrichelt markiert, erhalten die Mitglieder regelmäßig Informationen und werden zu Besprechungen, die einen besonderen Themenkomplex beinhalten, hinzugezogen.

Die Gespräche um die Definitionen und Beschreibungen der Aufgaben von Partnerschaftsteam, Steuerungsteam, Lenkungsausschuss und erweiterter Lenkungsausschuss haben einen zusätzlichen Effekt: Beide Unternehmen prüfen bei der Besetzung der Mitglieder in den verschiedenen Teams ständig, wie sich die Partnerschaft auf die Wertkette auswirkt. D. h. alle Beteiligten erstellen unbewusst eine Prozesslandschaft, wie der ideale Prozess der Zusammenarbeit zwischen Unternehmen, Partner, Kunde aussehen kann. Oft wird deshalb nach der Definition der verschiedenen Teams auch eine Prozesslandkarte formuliert. Dabei ist es von Vorteil, dass jeder Partnermanager für sich die eigene Prozesslandkarte „für sein Unternehmen" definiert (vgl. Abb. 57). Im Nachgang erstellt man dann eine gemeinsame Prozesslandkarte (vgl. Abb. 58).

Man wird dabei entdecken, dass man mit dieser einfachen Flow-Chart-Darstellung schnell an seine Grenzen kommt. Deshalb ist es ratsam, den Prozess durch adäquate Workflow-Tools detaillierter zu beschreiben. Nichtsdestotrotz bleibt diese erste Flow-Chart-Darstellung eine gute, wenn auch einfache Übersicht, um sich den gesamten Prozess am und um den Kunden auf einen Blick zu vergegenwärtigen. Detailliertere Prozessbeschreibungen sollten je nach Komplexität für den Verkauf, Service, Support und

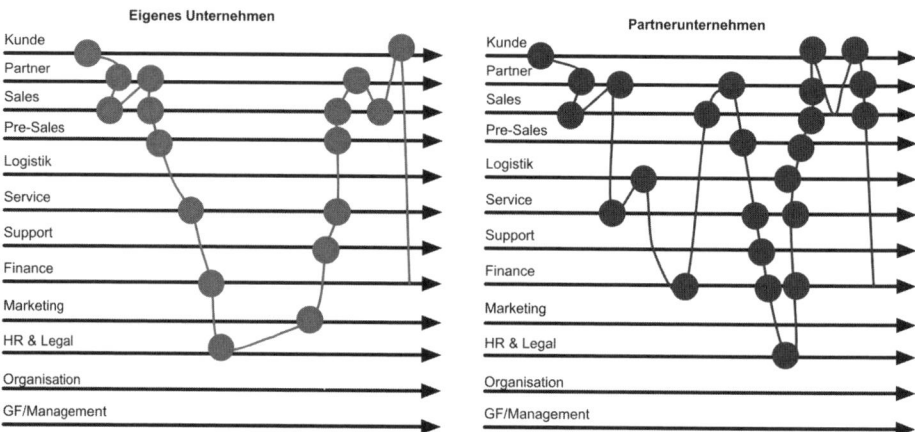

Abb. 57 Einfache Kundenprozessdarstellung im eigenen Unternehmen und beim Partner

Abb. 58 Diskrepanzen in den
Kundenprozessen

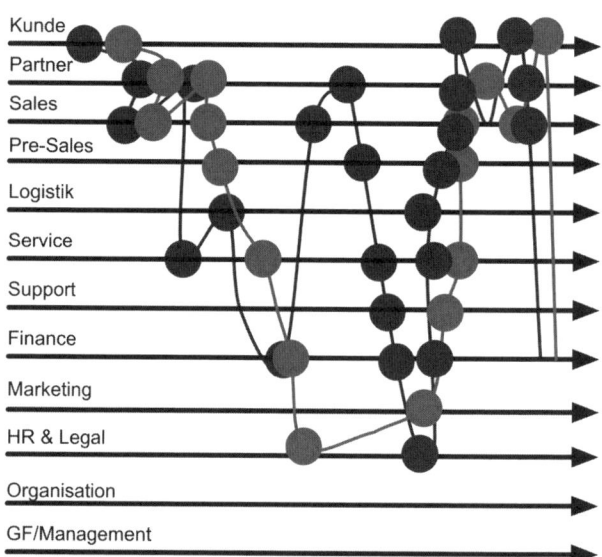

Finanzbereich definiert werden und im Fall von Eskalationen, die sich entweder aus Kundenprojekten entwickeln oder auf Grund von Konflikten in der Partnerschaft entstehen, z. B. durch Channel-Konflikte zwischen direktem und indirektem Verkauf.

Sind Partnerschafts-, Projektsteuerungsteam und Lenkungsausschuss, inklusiv der namentlichen Nennung der Mitglieder inkl. Telefonnummern etc., und die Prozesse definiert, dann fehlt für das Partner-Prozesshandbuch nur noch das Regelwerk der Zusammenarbeit, die sogenannten Rules-of-Engagement.

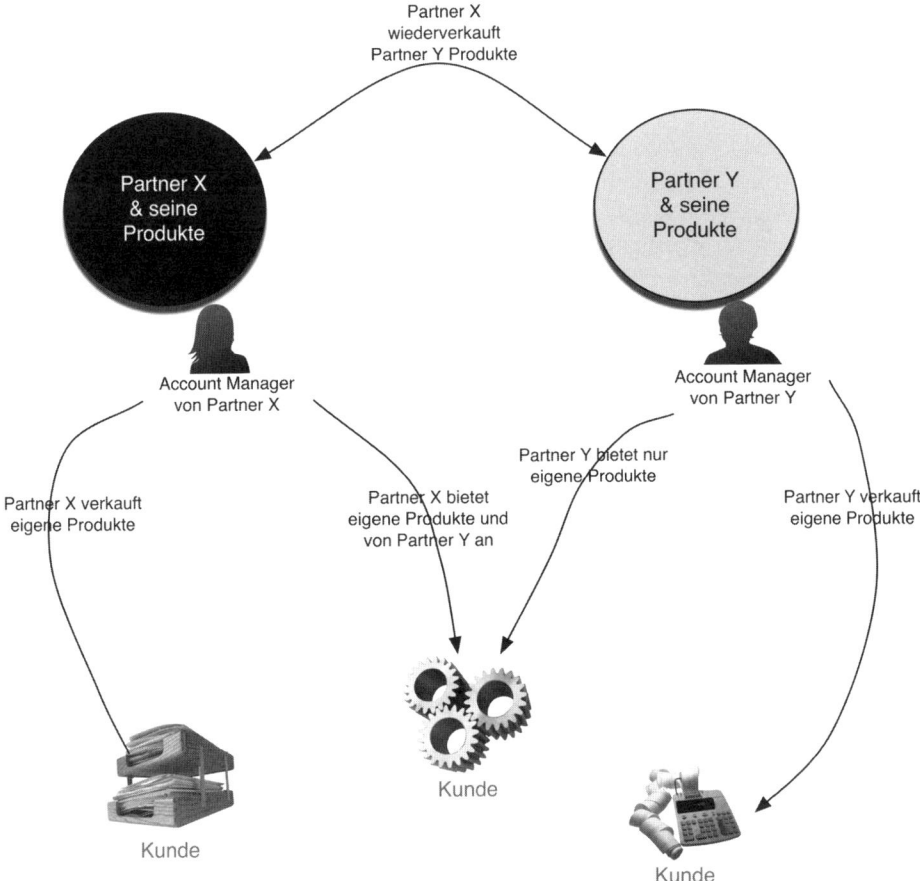

Abb. 59 Rules-of-Engagement

Eine Grafik wie in Abb. 59 beschreibt beispielhaft die Wege der Zusammenarbeit am Kunden, im Falle, dass selbst bei indirekten Verkauf der direkte Account Manager involviert bleibt. Die dazu gehörigen Rules-of-Engagement für diesen Verkaufsprozess könnten beispielsweise wie folgt aussehen:

- Alle bestehenden Partner-X-Kunden, bei denen von Partner-X Produkte von Partner-Y verkauft und geliefert wurden, werden direkt von Partner-X betreut.
- Eine direkte Partner-X-Kundenanfrage bei Partner-Y, die sich auf von Partner-X vertriebene Partner-Y-Produkte bezieht, wird umgehend mit dem Partner-X Account Manager und Partner Account Manager besprochen.
- Alle bestehenden Partner-Y-Kunden werden direkt von Partner-Y betreut. Eine direkte Partner-Y-Kundenanfrage bei Partner-X wird umgehend mit dem Partner-Y-Account Manager besprochen.

- Standardangebote sollten möglichst von Partner-X selbst bearbeitet werden. Partner-Y stellt hierzu Angebotstextbausteine und Produktexpertise zur Verfügung.
- Angebote, die komplexer Natur sind, sollten in Zusammenarbeit mit dem Partner-Y Account Manager erstellt werden. Er ist der Ansprechpartner für alle Anfragen, die ein konkretes Kundenprojekt betreffen.
- Bezieht Partner-X den Partner-Y-Account Manager früh mit ein, wird der Partner-Y-Account Manager diesen Auftrag in jedem Fall indirekt über Partner-X abwickeln und Partner-X jedwede Unterstützung zukommen lassen. In einem derartigen von Partner-X geführten Projekt müssen schriftliche Aussagen von Partner-Y zu technischen und vertrieblichen Themen vorher diskutiert werden, bevor sie dem gemeinsamen Prospect kommuniziert werden.
- Bezieht Partner-X den Account Manager von Partner-Y erst nach einiger Zeit bzw. spät im Verkaufszyklus ein, so hat der Partner-Y-Account Manager das Recht, direkt den Auftrag zu bearbeiten und das Angebot dem Kunden zu offerieren. Dies gilt nicht, wenn der Lead vom Prospect bei Partner-Y noch nicht bekannt war, wohl aber, wenn Partner-X als auch Partner-Y zeitgleich den RFI oder RFP erhalten haben.
- Wenn Partner-X eigene Produkte anbietet, so kann der Partner-Y-Account Manager selbst direkt Partner-Y-Produkte anbieten.
- Da Partner-Y weitere Distributionspartner hat, gilt, dass Partner-Y im Falle eines Projektes mit dem Partner zusammenarbeitet, der aktiv die Zusammenarbeit mit Partner-Y sucht bzw. frühzeitig seine Aktivitäten innerhalb des Projektes Partner-Y mitgeteilt hat.
- Partner-Y führt eigene Marketingaktivitäten durch, die an alle Marktteilnehmer gerichtet sind. Partner-X wird regelmäßig über derartige Aktivitäten informiert und kann sich auch daran beteiligen. Entstehen aus derartigen Aktivitäten Leads, die bekannte und von Partner-X geführte Kunden mit Partner-Y-Produkten beinhalten, werden diese Leads an Partner-X weitergegeben. Partner-Y geht davon aus, dass in derartigen Fällen ausschließlich Partner-Y-Produkte zum Angebot kommen.
- Gibt Partner-Y eine Kundenanfrage an Partner-X weiter, ist der Partner-Y-Account Manager in den Verkaufszyklus einzubeziehen.
- Beide Partner haben vereinbart, nicht gegeneinander im Wettbewerb zu stehen, um so eine WIN-WIN-WIN Situation zu schaffen.

Die Rules-of-Engagement jeweils der Partner-Kategorie zuzuordnen ist kontraproduktiv. Arbeiten Sie lieber mit einem Regelwerk und adaptieren Sie es ggf. bei einem Partner.

Ebenso müssen Rules-of-Engagement definiert werden für die Kernprozesse, sprich für die Aktivitäten, die unmittelbar am und um den Kunden wirken, inkl. der Abrechnung der jeweiligen Leistungen, also für Pre-Sales, Service, Support, Finance. Um eine Systematik in alle Regelwerke zu bekommen, bietet es sich an, sich zunächst nur auf den Regelprozess zu konzentrieren. Konflikte und Eskalationen sollten im Nachgang formuliert werden.

In den jeweiligen Rules-of-Engagement wird neben der jeweiligen Hol- und Bring-schuld in Bezug auf Informationen und Leistungen auch definiert, mit welchen Zeitfenstern hier gearbeitet werden soll: Wie schnell muss ein Lead zum Partner weitergeleitet werden? Mit welcher Antwortgeschwindigkeit arbeitet der Pre-Sales auf Anfragen des Partners? Wie schnell soll der Service auf Service-Anfragen des Partners reagieren? Welcher Abrechnungsmodus besteht zwischen den Partnern für eine „ordentliche" Rechnungsstellung?

Manche Unternehmen definieren für jedes dieser Regelwerke einen eigenen „Process Owner". Zu Beginn einer Partnerschaft ist davon jedoch abzuraten. Die jeweiligen Partnermanager sind die „Process Owner".

Viele Unternehmen halten es bei mehreren Partnern so, dass sie nicht zur Gänze offenlegen, wie und wem unternehmenseigene Ressourcen zur Verfügung gestellt werden. Das ist durchaus sinnvoll, denn letztlich entscheidend ist hier die Kunden-„Opportunity". Ein Partner, der Haus- und Hoflieferant bei einem „Prospect" ist, der aber von einem neuen Projekt erst über uns erfährt, so wie wir es wiederum von einem anderen Partner, erfahren haben, macht seinen Key-Account-Job äußerst schlecht, aber die Chancen, mit einem neuem Partner bei diesem Kunden in einen Lieferantenstatus zu kommen, können durchaus schlecht stehen. Deshalb sollten Grundsätze für Partner-Konflikte definiert sein, von denen aber abgewichen werden kann.

Die Umsetzung der Partnerschaft kann nach Modellen des „First-Come-First-Served" oder „Most-Appropriate-Serves" oder des „Multi-Offerings" erfolgen.

- Bei **„First-Come-First-Served"** wird der Partner im Verkaufszyklus unterstützt, der als erster das Projekt bei Ihnen angemeldet hat.
- Bei **„Best-Fit-Served"** wird der Partner ausgewählt, der den besten Kundenzugang hat, die höchste Glaubwürdigkeit beim Kunden besitzt, der das meiste Know-how aufweist usw.
- Beim **„Multi-Offerings"** -Modell werden alle Partner gleichwertig im Verkaufszyklus unterstützt. Es kann dabei passieren, dass der Kunde mehrere Angebote zu gleichen Produktlösungen erhält. Es sind maßgeblich die Partner, die den Kunden von Ihrer „partnereigenen" Einzigartigkeit überzeugen müssen. Da Ihr Produkt keine Differenzierung für die verschiedenen Partner bietet, tritt das Produkt in den Hintergrund und die mögliche Lösung in den Vordergrund. Ihr Unternehmen kann und muss sich in diesem Modell zurückhalten. Bieten die Partner keine gesonderte „partnereigene" Lösung oder Differenzierung an, sondern lediglich Ihr Produkt, dann kommt es zum Preiswettbewerb.

Problematisch sind aber nicht nur die Konflikte der Partner untereinander, sondern auch „Channel" -Konflikte zwischen direktem und indirektem Vertrieb. Das Ziel für ein Unternehmen in Bezug auf eine Partnerschaft ist, einerseits neue Märkte oder Marktsegmente zu erschließen, ohne groß „selbst aktiv" zu werden, und andererseits mögliche Schwankungen im eigenen Verkaufszyklus „abzufedern". Um die Zusammenarbeit von direktem und indirektem Vertrieb im eigenen Unternehmen zu verbessern und die Vorteile für beide Seiten deutlich zu machen, ist ein sogenanntes „Channel-Neutral-Model" in der ersten Zeit organisatorisch von Vorteil. „Channel-Neutral" bedeutet auch, dass der Umsatz, der über den Partner erzielt wurde, neben dem Partner Account Manager auch dem jeweiligen direkten

Vertriebsbeauftragten zugutekommt. Diese doppelte Verprovisionierung soll Kanalkonflikte auf ein Minimum reduzieren und zur Pflege und Etablierung einer guten Zusammenarbeit
dienen. Gerade in der Anfangsphase sollte auf eine starre organisatorische Provisionstren-
nung zwischen direktem und indirektem Vertrieb verzichtet werden. Der Vertriebsleiter
sollte für beide Bereiche verantwortlich sein und ein „MBO" (kurz für Management by Ob-
jective) für den indirekten Kanal bekommen. So lassen sich „Channel-Konflikte" schneller
lösen. Er ist quasi die personifizierte Institution möglicher „Channel"-Konflikte.

Die Dauer eines „Channel-Neutral-Model" ergibt sich aus den Verkaufszyklen in Ihrem
Haus. Haben Sie es typischerweise mit Zyklen von über einem Jahr zu tun, dann sollten Sie
ein solches „Model" mindestens zwei bis drei Jahren laufen lassen. Andernfalls können kür-
zere Zeiten in Betracht kommen. Ziel muss es sein, die Anfangsphase so zu gestalten, dass
der Partner Vertrauen gewinnt und erste Umsätze für sich selbst und für Ihr Unternehmen
realisiert. Das „Ausphasen" des „Channel-Neutral-Model" wird zunächst damit beginnen,
dass man den Account Managern lediglich 10 bis 15 sogenannte „Named Accounts", also
feste Kunden- und Prospect-Namen zuweist. Diese Zahl wird im weiteren Verlauf reduziert
bis auf ca. 5 Kunden, je nachdem, ob das indirekte Geschäft das direkte Geschäft komplett
übernehmen soll.

Wenn das eigene Unternehmen ein „Channel-Neutral-Modell" ablehnt, dann kommt der
Partnermanager nicht umhin, die „Rules-of-Engagement" auch in Bezug auf den eigenen
direkten Vertrieb zu erweitern. Zumindest besteht durch die „Rules-of-Engagement" dann
ein formaler Prozess, was eine enorme Erleichterung ist, wenn die Emotionen im direkten
Vertrieb und bei den Partnern „hochkochen".

Fazit & Erkenntnis

Im Laufe der Entwicklung einer Partnerschaft wechseln Ansprechpartner und ggf. Zu-
ständigkeiten. Achten Sie immer darauf, die Mitglieder des Partnerschaftsteams und der
Projektsteuerung zu benennen und im Partner-Handbuch festzuhalten. Definieren Sie
den Ablauf, ab wann welcher Unternehmensbereich direkte Kontakte mit dem Partnerunternehmen unterhalten kann. Der Partnermanager muss der „Communication-Owner"
sein.

Überprüfen Sie vor dem ersten Projekt, wie deckungsgleich die Prozesse im Sales-,
Service, Support- und „Finanz"-Cycle sind. Legen Sie dann gemeinsame Prozesse „am
Kunden" fest, die für beide Unternehmen auch machbar sind. Definieren Sie dann erst
die spezifischen „Rules-of-Engagement", um Channel-Konflikte zu vermeiden.

Den Partner managen und mit dem Partner planen

Schritt 25: Eigene Planung verhindert Fremd-Planung

Der Partnerschaftsplan enthält fast alles, was für eine Partnerschaft relevant ist: Aktivitäten, Strategien, Ziele, Ansprechpartner, kritische Erfolgsfaktoren, SWOT-Analysen etc. Bei der Erstellung des Partnerschaftsplans ist aber zu beachten, dass wir immer von mindestens zwei Plänen sprechen, nämlich dem eigenen bzw. internen und dem gemeinsamen Partnerschaftsplan.

Der eigene Plan enthält deutlich mehr Aktivitäten und kritische Details und Abwägungen, als es der gemeinsame Plan je offenlegen würde. Der eigene Plan enthält vor allem Themen, die uns als Partnermanager im Netzwerk des Partnerunternehmens Fuß fassen lassen. Dabei sind es Themen, die den „anderen" Partnermanager im Partnerunternehmen nicht unbedingt etwas angehen.

Und: Der eigene Partnerschaftsplan ist dem gemeinsamen Partnerschaftsplan immer einen Schritt voraus, ansonsten ist die Fremdbestimmung vorprogrammiert. Eine gemeinsame Partnerschaftsplanung erfolgt immer erst, nachdem man den eigenen Partnerschaftsplan zuvor zur Gänze durchgearbeitet hat. Da also der eigene, interne Partnerschaftsplan deutlich mehr Details enthält, ist deshalb mit Vorsicht zu handeln, wenn dieser eigene Partnerschaftsplan als Grundlage für den gemeinsamen Partnerschaftsplan herangezogen wird, nach dem Motto: „Ich habe da schon mal was vorbereitet". Den eigenen Partnerschaftsplan veröffentlichen Sie nie. Es ist Ihre strukturierte Sammelmappe, in die alles einfließt. Veröffentlicht wird nur der gemeinsame Partnerschaftsplan. Der gemeinsame Partnerschaftsplan kann je nach gelebter Offenheit und Transparenz im eigenen Unternehmen auch die Grundlage sein, wenn Sie im eigenen Unternehmen Besprechungen vorbereiten und leiten oder Grundlagen für eine Eskalation beisteuern müssen usw. Tabelle 13 zeigt den Inhalt des Partnerschaftsplans.

© Springer Fachmedien Wiesbaden 2015
R. Klimke, *Professionelles Partnermanagement im Lösungsvertrieb*,
DOI 10.1007/978-3-658-06074-9_7

Tab. 13 Inhalt Partnerschaftsplan

	Interner Partnerschaftsplan	Gemeinsamer Partnerschaftsplan
Partnermanager Name, Vertretung, Telefon, E-Mail etc.	●	○
Dokumentversionsnummer	●	○
Dokumenthistorie	●	○
Review-Termine und Ergebnisse mit Partner	●	○
Review-Termine und Ergebnisse mit eigenem Management	●	○
Beschreibung des Partnerunternehmens – Leistungen, Fokus, Strategie, Umsatzentwicklung Organisations-Chart	●	○
Partnerschaft: Leitbild der Partnerschaft, Strategie, Ziele (qualitativ, quantitativ)	●	○
Mehrwerte, die der Partner zur Partnerschaft beisteuert	●	○
Mehrwerte, die das eigene Unternehmen zur Partnerschaft beisteuert	●	○
Mehrwerte der Partnerschaft für den „potenziellen Kunden"	●	○
Kritische Erfolgsfaktoren	●	○
Pipeline und Forecast und deren Abweichungen zur Zielplanung	●	○
Pipeline und Forecast und deren Abweichungen zu früheren Review-Ergebnissen	●	
Strategische Initiativen und daraus abgeleitete Aktivitäten, inkl. Verantwortlichen und Zeitplanung	●	○
Mitglieder im Partnerschaftsteam, Projektsteuerung, Lenkungsausschuss, erweiterter Lenkungsausschuss	●	○

Tab. 13 (Fortsetzung)

	Interner Partnerschaftsplan	Gemeinsamer Partnerschaftsplan
Partner Netzwerkanalyse: Ansprechpartner und Themen im Partnerunternehmen, inkl. Zeitplanung	•	
Ergebnisse des Partnerschaftsstabilitätstests	•	
Ergebnisse des Partnerbeziehungstests	•	
Skill-Matrix	•	
Risiko-Analyse	•	
SWOT-Analyse	•	

Schritt 26: Ziele, Strategien, Aktivitäten definieren

Bevor Ziele, Strategien und Aktivitäten gemeinsam definiert werden, ist vorher festzuhalten, welche Ziele und Strategien das eigene Unternehmen verfolgt und welche Ziele und Strategien mit dem Partner diese eigenen Ziele und Strategien unterstützen. Zu diesem Zweck ist es notwendig, die eigenen Ziele und Strategien und ihre aktuelle Umsetzung festzuhalten und in den Kontext der neuen Partnerschaft zu setzen.

Hierbei werden zunächst die aktuellen, eigenen strategischen Initiativen widergegeben, um sie dann dem Partner und seinen Initiativen gegenüberzustellen. Das Beispiel in Tab. 14 soll dies verdeutlichen.

In diesem einfachen Beispiel wird deutlich, dass eben nicht alle eigenen strategischen Initiativen mit dem Partner in Einklang zu bringen sind. Deshalb ist es eben für den Erfolg einer Partnerschaft wichtig, dass mindestens eine der strategischen Initiativen einen Wert von über 50 erhält.

Die eigenen strategischen Initiativen zu kennen und „gegen" die zu definierenden, gemeinsamen Strategien mit dem Partner laufen zu lassen, ist wichtig, um nicht irgendwann einen Partner mit Ressourcenbedarf zu haben und diesen dann nicht befriedigen zu können, weil er außerhalb des strategischen Fokus des eigenen Unternehmens liegt. Beachten Sie auch, dass Sie sich auf maximal drei eigene strategische Initiativen beschränken, ansonsten wird diese einfache Herangehensweise zu komplex (vgl. Tab. 15). Suchen Sie die strategischen Initiativen im eigenen Unternehmen, die sich auf Wachstum, Märkte und Produkte (entspricht Produkt-Service-Lösungen) konzentrieren.

Aufbauend auf diesen Initiativen geht es nun darum, mit dem Partner die für die Partnerschaft relevanten strategischen Initiativen zu erarbeiten. Hierbei ist es hilfreich, quasi als Zwischenschritt das Ebenenmodell (vgl. Abb. 60) zu nutzen, um sich so sukzessive der Definition der strategischen Initiativen anzunähern.

- Umwelt bezeichnet Themen wie Markt, Kundenstruktur, Branchenpolitik, Wettbewerb und die vorherrschende Rivalität und Dynamik.
- Verhalten beschreibt, wie sich das eigene Unternehmen aufstellt, Vertriebsstruktur, Produkt - und Servicepolitik, Kommunikation mit der Umwelt, Marketingaktivitäten, strategische Initiativen etc.
- Fähigkeiten beinhaltet Kernkompetenzen, kritische Erfolgsfaktoren, Wettbewerbsvorteile etc.
- Werte & Glaubenssätze beschreibt, woran wir glauben, warum sich Kunden für uns entscheiden, wie wir als Unternehmen wahrgenommen werden, ob wir Planung und Ergebnisse glaubwürdig in Einklang bringen, Kommunikationskultur im eigenen Unternehmen etc.
- Identität enthält das „Warum" wir in diesem Markt sind, um „was" mit „welchem Ziel" zu tun: Wer oder was bewegt dieses Unternehmen zu wachsen?

Tab. 14 Eigene strategische Initiativen und der Einfluss des Partners

Eigene Initiativen (Bewerten Sie: nein = 1, vielleicht = 5, ja = 10)	Branchenfokus über Versicherungen und Banken in den Bereichen Handel, Industrie ausweiten	Marktanteil bei den Top 500 Unternehmen von 15 % auf 30 % erhöhen	Untere bisher nicht bediente Marktsegmente durch eine günstigere Produktlinie addressieren
Kann der Partner uns hierbei helfen?	5	1	10
Haben wir die Voraussetzungen im eigenen Unternehmen geschaffen, hiermit erfolgreich zu sein?	1	5	5
Ist das hier addressierte Marktsegment strategisch wichtig für den Partner?	5	1	10
Werden die hier initiierten Aufwände durch den zukünftigen Erfolg gedeckt?	5	5	5
Entsteht durch die Partnerschaft ein positiver Sprung, was den Erfolg dieser Initiative betrifft?	5	1	5
Kann der Partner uns helfen, die Aufwände in dieser Initiative zu reduzieren?	5	1	10
Teilt der Partner unsere Meinung, dass diese Initiativen von Erfolg gekrönt sein werden?	1	5	10

Tab. 14 (Fortsetzung)

Eigene Initiativen (Bewerten Sie: nein = 1, vielleicht = 5, ja = 10)	Branchenfokus über Versicherungen und Banken in den Bereichen Handel, Industrie ausweiten	Marktanteil bei den Top 500 Unternehmen von 15 % auf 30 % erhöhen	Untere bisher nicht bediente Marktsegmente durch eine günstigere Produktlinie addressieren
Werden wir über den Partner eher Zugang zu bestehenden Geschäftskontakten und Kundenpotenzialen haben?	5	1	10
Werden wir in Bezug auf diese Initiative eher unser eigenes Kundenpotenzial besser ausschöpfen?	1	1	1
Werden wir mit dem Partner in Bezug auf diese Initiative eher fortlaufende Kundenerfolge schaffen?	5	1	5
Summe	*38*	*22*	*71*

Tab. 15 Analyse – eigene, strategische Initiativen und Einfluss des Partners

Eigene Initiativen (Bewerten Sie: nein = 1, vielleicht = 5, ja = 10)	Eigene strategische Initiative 1	Eigene strategische Initiative 2	Eigene strategische Initiative 3
Kann der Partner uns hierbei helfen?	–	–	–
Haben wir die Voraussetzungen im eigenen Unternehmen geschaffen, um hier mit erfolgreich zu sein?	–	–	–
Ist das hier addressierte Marktsegment strategisch wichtig für den Partner?	–	–	–
Werden die hier initiierten Aufwände durch den zukünftigen Erfolg gedeckt?	–	–	–
Entsteht durch die Partnerschaft ein positiver Sprung, was den Erfolg dieser Initiative betrifft?	–	–	–
Kann der Partner uns helfen, die Aufwände in dieser Initiative zu reduzieren?	–	–	–
Teilt der Partner unsere Meinung, dass diese Initiativen von Erfolg gekrönt sein werden?	–	–	–
Werden wir über den Partner eher Zugang zu bestehenden Geschäftskontakten und Kundenpotenzialen haben?	–	–	–

Tab. 15 (Fortsetzung)

Eigene Initiativen (Bewerten Sie: nein = 1, vielleicht = 5, ja = 10)	Eigene strategische Initiative 1	Eigene strategische Initiative 2	Eigene strategische Initiative 3
Werden wir in Bezug auf diese Initiative eher unser eigenes Kundenpotenzial besser ausschöpfen?	–	–	–
Werden wir mit dem Partner in Bezug auf diese Initiative eher fortlaufende Kundenerfolge schaffen?	–	–	–
Summe			

Abb. 60 Ebenenmodell

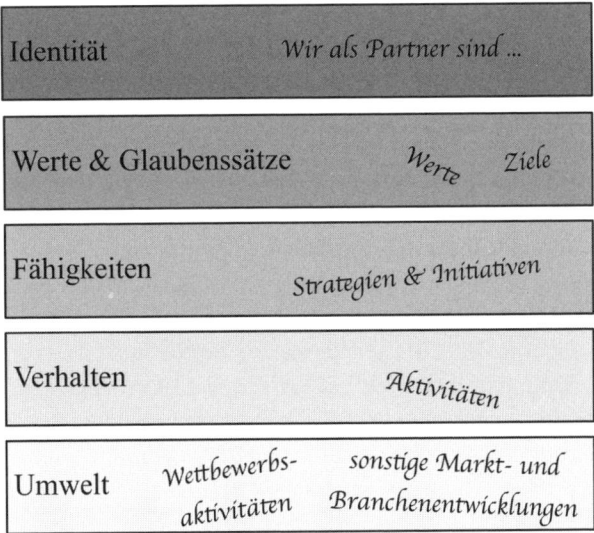

- Identität: Wir als Partnerschaft wollen eine Win-Win-Win-Situation für uns und für unsere Kunden in Bezug auf das Zielsegment X schaffen und so mehr Umsatz und Gewinn erzielen.
- Glaubensätze & Werte: Wir glauben, dass durch eine enge und reibungslose Verzahnung der vertrieblichen und technischen Zusammenarbeit ein deutlicher Mehrwert für beide Unternehmen entsteht, der zur Zielerreichung beiträgt und so mehr Umsatz und Gewinn erzielt werden.
- Fähigkeit: Durch die besonders hohe technische Lösungskompetenz des Unternehmens A und die starke vertriebliche Marktposition des Unternehmens B verfolgt die Partnerschaft die Strategie, neue Kunden sehr schnell zu gewinnen und bestehende Kundenpotenziale besser auszuschöpfen.
- Verhalten: Die Aufgaben und Aktivitäten innerhalb der Partnerschaft und die involvierten Ressourcen in den jeweiligen Unternehmen werden in Bezug auf die gemeinsam definierten strategischen Initiativen bewertet und effizient durchgeführt.
- Umwelt: Die Partnerschaft trägt dazu bei, dass neue Kooperationsmodelle in dieser Branche Fuß fassen und der Markt insgesamt mehr Wachstum erfahren wird.

Fazit & Erkenntnis

Vor der gemeinsamen Definition von strategischen Initiativen mit dem Partner steht, die eigenen strategischen Initiativen in Bezug zu dem Partner zu stellen. Konzentrieren Sie sich auf maximal drei Initiativen und suchen Sie die am höchsten bewerteten zwei Initiativen aus. Im nächsten Schritt konzentrieren Sie sich auf die aus Ihrem eigenen Unternehmen stammenden Initiativen, wenn es darum geht, das Ebenenmodell mit dem Partner gemeinsam zu beschreiben und zu füllen.

Schritt 27: Gemeinsame Schritte zur Strategie

Eine Partnerstrategie kann nur langfristig erfolgreich sein, wenn „irgendwann" während der fortlaufenden Partnerschaft Produkte oder Produktkomponenten oder Serviceleistungen miteinander verzahnt werden. Erst dann kann man von einer echten Partnerschaft sprechen.

Anfangs allerdings ist die gemeinsame Produktentwicklung noch nicht sehr weit gediehen. Allenfalls hat ein Partner besondere Schnittstellen zum Partnerprodukt oder zusätzliche, das partnerproduktveredelnde „Tools" entwickelt. Mittelfristig gewinnen Sie Ihren Partner für die Zusammenarbeit nur über Ihre Produktkompetenz oder Ihre Stellung im Markt oder in einem Marktsegment.

Gemeinsam kann die „einfache, vertriebliche Integration" der Produkte einen komplexeren Lösungsbedarf befriedigen, der Ihnen alleine nicht zugänglich wäre. Gerade im kurzfristigen vertrieblichen Umfeld ohne eine echte Produktintegration kann beiden Partnern die Partnerschaft dazu dienen, besonderes Wissen zu gewinnen und im Vertrieb in bisher vernachlässigte vertikale oder geographische Märkte vorzudringen.

Wenn es darum geht, mit dem Partner gemeinsame Ziele, strategische Initiativen für Partnerschaft zu erarbeiten, dann vereinbaren Sie einen separaten Workshop zu dem Thema, separat von allen anderen Themen im gemeinsamen Partnerschaftsplan. Bereiten Sie sich auf diesen Workshop adäquat vor, in dem Sie sich zahlreiche Fragen wieder vergegenwärtigen, die Sie bisher teilweise in der Phase der Partnerauswahl schon erörtert haben, die nun aber mit dem Wissen der ersten Gespräche verfeinert werden können:

Fragen

- Wann ist die Idee oder Vorstellung zur Partnerschaft in welchem Zusammenhang aufgekommen? Geht es um eine vertriebliche oder echte produkttechnische Partnerschaft?
- Was ist das Kerngeschäft des Partners? Welche zusätzlichen Kompetenzen will er aufbauen, die heute nicht unmittelbar zu seinem Kerngeschäft gehören?
- Welche Marketingbudgets in Bezug auf die Partnerschaft sind vorstellbar?
- Welche Aktivitäten aus möglichen gemeinsamen Marketingaktivitäten sollen welchen Nutzen bringen?
- Mit welchem quantitativen und qualitativen Return on Investment in Bezug auf den Vertrieb und die Implementation der Partnerschaft im eigenen Unternehmen können wir rechnen?
- Welchen Nutzen werden unsere bisherigen Kunden haben?
- Kann sich die Partnerschaft auf bestehende Kundenbeziehungen negativ auswirken?
- Welche Erwartungen haben Sie hinsichtlich der Implementierungs- und Supportphase?
- Welchen zusätzlichen Umsatz erwarten Sie durch die Partnerschaft? Welche zusätzlichen Kundensegmente lassen sich durch sie erreichen?

Abb. 61 Strategisches
Grundmodell – 1

- Deckt sich Ihre Erfolgsdefinition mit der des Partners? Inwieweit ist sie kompatibel mit den medialen Äußerungen Ihres potenziellen neuen Partners? Was hat er in der nächsten Zeit geplant?
- Inwieweit kann man aus den Äußerungen seines Top-Managements herauslesen, dass die Unternehmenskulturen und Organisationsstrukturen zueinander passen?
- Was wissen wir über die Partnerorganisation unseres Partners? Ist sie eher klassisch in Business- und Serviceunits untergliedert, oder gibt es projektspezifische Teams, die sich aus einer Matrixorganisation immer wieder neu zusammensetzen?
- Haben beide Partner die gleiche Sichtweise, wie sich der Markt weiter entwickeln wird?
- Können sich über eine Produktpartnerschaft neue Marktsegmente eröffnen?
- Würde eine funktionierende Partnerschaft eine solche Tragfähigkeit besitzen, dass sie auch rezessive Konjunkturphasen überstehen könnte? Berührt also diese Partnerschaft das Kerngeschäft des jeweiligen Partners so stark, dass sie solche Zeiten überdauern müsste?

Diskutieren Sie die Gründe im Rahmen dieses Strategie-Workshops für die bevorstehende Zusammenarbeit! Erörtern Sie Ihre längerfristigen Ziele! Besprechen Sie die von Ihnen ausgewählten strategischen Initiativen Ihres Hauses! Vereinbaren Sie ein Nahziel, das wie, wann und in welchen Segmenten erreicht werden soll!

Hieraus ergibt sich eine Zeitlinie, die in den folgenden Phasen der Partnerschaft immer wieder überprüft wird. Wann soll der nächste Schritt in neue Marktsegmente durch neue Produktentwicklungen begonnen werden? Kann die Partnerschaft so viel Potenzial entfalten, um zu einem echten Differenzierungsfaktor[1] zu werden? Oder soll zunächst die gemeinsame Marktpenetration in bestehenden Segmenten weiter verfolgt werden, um ggf. über Betriebsgrößeneffekte eine Kostenführerschaft erreicht werden? Welche speziellen Marktsegmente lassen sich durch technisch komplexe Produktintegrationen und die gemeinsame Produktentwicklung erschließen? Abbildung 61 macht diese drei Alternativen deutlich:

---

[1] Porter, M.: Competitive Strategy, 1980.

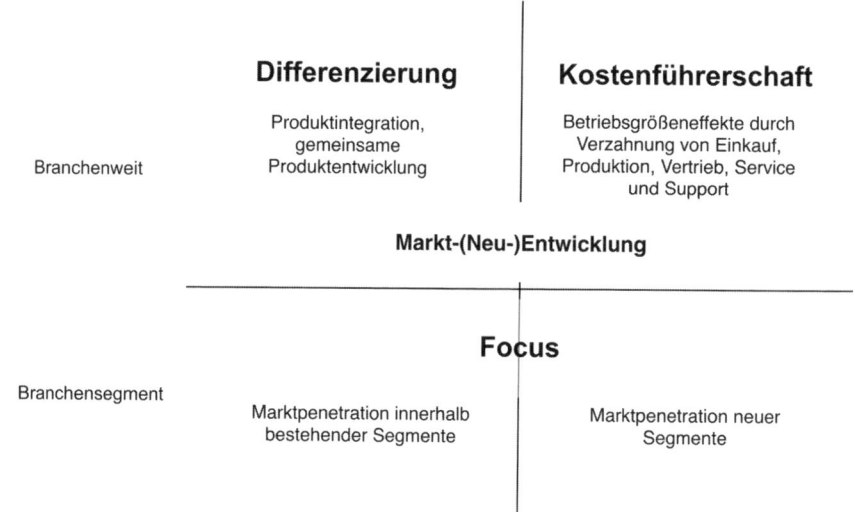

Abb. 62 Beispiel – strategisches Grundmodell

Positionieren Sie gemeinsam in der obigen Abbildung das strategische Ziel der Partnerschaft:

- Eine Partnerschaft mit dem Ziel der Differenzierung muss die Marktregeln und -strukturen verändern können. Die gemeinsame Lösung muss sich durch ihre besondere Einzigartigkeit in Bezug auf das Produkt und seinem inhärenten Nutzen abheben.
- Eine Partnerschaft, die das Ziel verfolgt, Kostenvorteile, die aus der Partnerschaft erwachsen, an den Kunden weiterzugeben, also das Ziel Kostenführerschaft verfolgt, in dem die Kosten für den Kunden deutlich geringer werden, muss sich über zahlreiche Auswirkungen im Hinblick auf Produktionskosten, Logistik, Service und Support bewusst sein und deutlich höhere Umsätze generieren, um Betriebsgrößeneffekte überhaupt erzielen zu können.
- Eine Partnerschaft, die sich innerhalb des Gesamtmarktes auf ein Segment konzentriert, muss über einen besonders tiefen und breiten Segmentzugang verfügen (vgl. Abb. 62).

Produktintegrationsstrategie & Neue Marktsegmentstrategie
Beide Strategien zielen darauf ab, neue Segmente zu bedienen. Das kann einerseits über die gemeinsame Entwicklung von Produkten geschehen oder andererseits über eine Integration der bestehenden Produkte.

Beide Partner müssen sich einig sein, ob sie weitere Segmente gemeinsam erschließen wollen. Das bedeutet, dass Sie sich klassisch zunächst der Kundenbedarfsanalyse widmen müssen. Sie werden dabei feststellen, dass Kundenbedürfnisse nicht immer durch aufwendige Netto-Investitionen im Bereich der Neu-Produktentwicklung befriedigt werden können. Manchmal reicht es völlig aus, den Kundenbedarf nur mit den bestehenden Produkten zu adressieren, so dass der Kunde in diesem Segment weiß, dass es Sie überhaupt gibt. Das kann aber auch ein verändertes „Branding" bedeuten, wenn beide Partner gemeinsam agieren wollen und die „Stammsegmente" nicht verwirrt werden sollen. Sollte das Kundenpotenzial aber nicht ausreichend groß sein für die bestehenden Produkte oder sollten die bestehenden Produkte den Kundenbedarf nicht befriedigen können, dann müssen Sie die gemeinsame Produktentwicklung ins Auge fassen, die genau darauf abzielt, was dieses Marktsegment will.

Bestehende Marktsegment-Strategie
Bei einer Marktpenetration in den bestehenden Kundensegmenten kann festgestellt werden, dass durch eine „einfache, vertriebliche" Integration der Produkte bestehende Segmente wesentlich schneller bedient und besser ausgeschöpft werden können, als über eine komplexe, technisch aufwendige Produktintegrationen. Auch kann eine Abstimmung ergeben, dass es von beiden Seiten als sinnvoller erachtet wird, zunächst den Markt mit bestehenden, einfachen Produkt-Bündeln zu bedienen, um dann die zusätzlich generierten Umsätze für die die Kosten der Netto-Investitionen in die „gemeinsamen Neu-Produktentwicklung" zu verwenden.

Zu jeder Zeit gibt es Möglichkeiten, dass beide Partner zu dem Urteil kommen, nicht weiter in diese Partnerschaft zu investieren; ein Partner sieht zu wenig Potenzial für sich und die aktuelle Partnerschaft, beide Partner kommen zu dem Ergebnis, dass noch nicht ausreichend Potenzial vorhanden ist. Deshalb sind bei der Formulierung einer gemeinsamen Strategie immer auch die Kriterien für das Ende einer Partnerschaft miteinzubeziehen. Definieren Sie diese Kriterien zur gleichen Zeit, wenn Sie gemeinsam die Erfolgskriterien für die Partnerschaft definieren: Woran sollen beide Partner den Erfolg ihrer Zusammenarbeit feststellen? Wenn sich dieser Erfolg nicht einstellt, welche Formen der Kommunikation sollen dafür eingehalten werden? Durch die Kriterien des „Partner-Exodus" lassen sich kostspielige und langatmige Spekulationen über die Absichten des jeweils anderen Partners vermeiden.

Gemeinsam definieren die Partner das strategische Ziel in Bezug auf das obige Modell. Mit jeder Zielposition gehen strategische Initiativen einher, die deutlich detaillierter sind als die strategische Stoßrichtung, die im obigen Ebenenmodell definiert wurde. Diese Ausdifferenzierung der Strategie in strategische Initiativen hat zur Folge, dass beiden Partnern zum ersten Mal die Umfänglichkeit und auch die Problematik der Partnerschaft bewusst wird:

- Wie ist die Ressourcensituation in Bezug auf die mit dieser Zielpositionierung einhergehenden strategischen Initiativen und Aktivitäten zu bewerten?
- Steht genügend Know-how zur Verfügung?
- In welchem Verhältnis steht der anzunehmende Ertrag einer Initiative zu den Kosten und Opportunitätskosten?

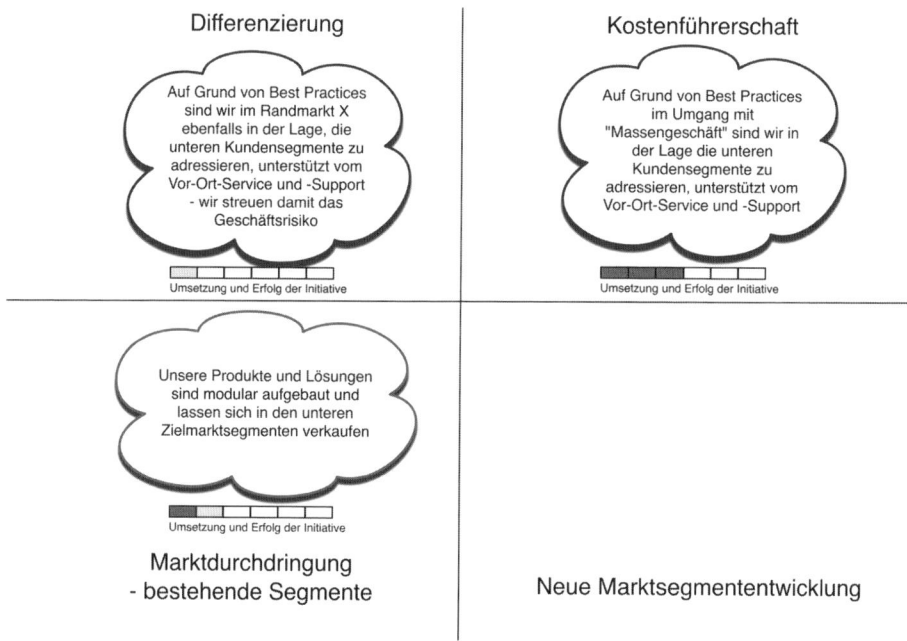

Abb. 63 Beispiel – Strategisches Grundmodell und strategische Initiativen

• Muss die eigene Organisation für bestimmte Initiativen umstrukturiert werden, und welcher anzunehmende Aufwand ist damit verbunden?

Dann beginnen Sie, die einzelnen strategischen Initiativen auszuformulieren (vgl. Abb. 63).

Umreißen Sie dabei für jede Initiative die qualitativen und quantitativen Ziele. Bestimmen Sie gemeinsam, bis zu welchem Prozentsatz diese Ziele in einem halben, dreiviertel und einem ganzen Jahr etc. erreicht sein sollen. Entwickeln Sie Notfallinitiativen, die Sie dann gemeinsam mit dem Partner aktivieren, wenn bestimmte Initiativen sich als erfolglos erweisen.

Im Partnerschaftsplan halten Sie für jede strategische Initiative die qualitativen und quantitativen Ziele ebenso fest wie deren Fortschritt in Bezug auf Umsetzung und Erfolg.

Die Praxis hat gezeigt, dass ein Strategie-Workshop immer zunächst mit der Vorstellung des Ebenenmodells beginnen sollte. Es kommen immer zahlreiche Themen auf und es werden zahlreiche Nebendiskussionen geführt, die per se zunächst nichts mit dem eigentlichen Ziel der Definition der strategischen Initiativen zu tun haben. Das Ebenenmodell hilft, diese Themen festzuhalten und einzusortieren, ob beispielsweise ein Thema eher zu den Aktivitäten oder zu den Werten etc. eingeordnet werden soll. Die zahlreichen Diskussionsbeiträge lassen sich dann vom Ebenenmodell in das Strategiemodell einordnen. Zumeist erhält man dadurch eine sehr ansehnliche Liste von Aktivitätenvorschlägen, die die strategischen Initiativen unterstützen.

Fazit & Erkenntnis

Die sukzessive Annäherung über das Ebenenmodell und das von Porter stammende Strategiemodell machen es möglich, leichter strategische Initiativen zu finden, die wirklich Gehalt besitzen und aus denen man reale Aktivitäten ableiten kann. Im Rahmen eines gemeinsamen Workshops werden bis zur endgültigen Definition der strategischen Initiativen auch immer wieder zahlreiche, aber notwendige Themen aufkommen, die gleichsam in das Ebenenmodell eingepflegt werden können, so nicht verloren gehen und den strategischen Initiativen im Strategiemodell zugeordnet werden können.

Schritt 28: Den internen und externen Aktivitäten- Plan erstellen

Nachdem die strategischen Initiativen gemeinsam gefunden und beschrieben wurden, werden diesen Initiativen nun die Aktivitäten zugeordnet, für die die „SMART- Terms" gelten: spezifisch, messbar, „achievable" (erreichbar), relevant, „time bound" (zeitlich befristet). Alle Aktivitäten werden anhand dieser Kriterien beschrieben und einem Mitarbeiter zugeordnet.

Ergehen Sie sich nicht in endlosen Aktivitätenbeschreibungen, sondern konzentrieren Sie sich auf die unmittelbar wirksamen Aktivitäten und einfache Formulierungen; denn. Partnermanager sind keine „Partner-Pfleger"; wer das Geschäft immer nur detailliert plant, es aber nie zum Laufen bringt, wird schließlich keinen geschäftlichen Erfolg haben. Dazu kann beispielsweise die Darstellung eines Aktivitätenplans in Tab. 16 genutzt werden:

Für den eigenen Partnerschaftsplan wird diese Aktivitätenliste nochmals durch die eigene Bewertung ergänzt (vgl. Tab. 17). Bei dieser eigenen Bewertung wird insbesondere darauf geachtet, inwieweit die genannten Verantwortlichen und „Ausführer" ihre Aufgabe auch als solche durchgeführt haben und der Verantwortliche dies auch kontrolliert hat. Zusätzlich wird jede Aktivität im Hinblick auf ihre Pipeline - und Forecast- Relevanz geprüft. Ist durch die Aktivität zu vermuten, dass die Pipeline vergrößert wurde? Hat die Aktivität dazu beigetragen, die Pipeline zu stabilisieren? Sind durch diese Aktivität mehr Projekte in den Forecast gekommen als vorher?

Diese eigene Bewertung prüft vor allen Dingen den Partnermanager selbst im Hinblick auf seine Ziele, insbesondere inwieweit durch die Partnerschaft ein Umsatzwachstum zu verzeichnen ist oder nicht. Gleichzeitig ist es eine gute Kontrolle, was die eigene Selbstdisziplin betrifft, denn nicht wenige Partnermanager sind wahre Delegationsexperten, wenn es um die Aufgabenverteilung, nicht aber um deren Erfüllung geht.

Eine besondere Problematik kommt lokalen Partnerschaften in internationalen Unternehmen zu. Selten wird der Grundsatz des „Think global, act local" in der Praxis umgesetzt, egal ob es sich z. B. um deutsche Unternehmen in den USA handelt oder amerikanische Tochtergesellschaften in Deutschland oder anderswo auf der Welt. Es gibt Ausnahmen, al-

Tab. 16 Formblatt – Aktivitätenplan

Aktivitätenplan

	Wer führt aus?		Wer ist verantwort-lich?	Wer ist zu informieren?	Kosten		gemeinsame Bewertung der			Ergebnis / Kommentar
	Intern	Extern			Partner A	Partner B	schlecht	befriedigend	gut	
Initiative x Ziel der Initiative										
Aktivität xi										
Aktivität xi										
Aktivität xi										
Initiative Y Ziel der Initiative										
Aktivität yi										
Aktivität yi										

Tab. 17 Formblatt – Aktivitätenplan und eigene Bewertung

Aktivitätenplan

	Intern	Extern	Wer führt aus?	Wer ist verantwort-lich?	Wer ist zu informieren?	Kosten Partner A	Kosten Partner B	gemeinsame Bewertung der: schlecht	gemeinsame Bewertung der: befriedigend	gemeinsame Bewertung der: gut	Ergebnis / Kommentar
Initiative x											
Ziel der Initiative											
Aktivität xi											
Aktivität xi											
Aktivität xi											
Initiative Y											
Ziel der Initiative											
Aktivität yi											
Aktivität yi											

Eigene Bewertung der Ausführung

	schlecht	befriedigend	gut	Pipeline-Relevanz ja / nein	Forecast-Relevanz ja / nein

lerdings zumeist auch nur so lange, wie es der Landesgesellschaft gut geht und sie „brav ihre Zahlen liefert". Die Zentralisierung bestimmter „sekundärer Wertschöpfungsaktivitäten" wird ja weiterhin fortgesetzt. Das geht bis zu einem gewissen Grad gut. Sobald aber Partner ins Spiel kommen, die sich auf bestimmte geographische Märkte konzentrieren, muss der lokale Charakter der Marketing-Botschaften wieder die lokalen Gegebenheiten widerspiegeln, was sich im gemeinsamen Aktivitätenplan niederschlagen muss. Nicht selten verlangt ein solcher Partner ein lokales „Marketing-Commitment". Sichergestellt werden muss in jedem Fall die Konsistenz der Botschaften zum Markt, insbesondere zu den bestehenden Kunden und zum Partner. Wichtig: Der Partner muss vorab über diese Aktionen informiert werden. Dies ist insbesondere bei einem zentralistisch organisierten Marketing oft sehr schwierig. Sichergestellt werden muss auch, dass Informationen zu Produkten, Wettbewerbsinformationen usw. durch einen einfachen Zugang auch dem Vertrieb des Partners und seinem technischen Support zur Verfügung stehen. Um diesen Kommunikationsprozess effektiv zu gestalten, übernimmt üblicherweise in der ersten Phase das Marketing oder das „Business Development" diese Verantwortung. Nicht selten wird dazu innerhalb des eigenen Marketings eine Partnergruppe etabliert. Partner-Marketing und Partnermanager definieren Marketingaktivitäten, die ausschließlich auf einen Partner ausgerichtet sind, wie z. B. gemeinsame Messeauftritte oder Presseveröffentlichungen etc. Es kommt allerdings auch vor, dass das gemeinsame Partnermarketing völlig vernachlässigt wird. Allenfalls gemeinsame Presseveröffentlichungen und Messeauftritte bilden hier eine Ausnahme. Von einem gemeinsamen Marketing Mix kann nur in den seltensten Fällen die Rede sein. Gerade im Lösungsvertrieb in Zusammenhang mit Partnerschaft ist dies aber eine geradezu zwingende Voraussetzung für den Erfolg.

- Im Bereich **Produkte** ergeben sich bereits Abstimmungsthemen wie die einfache Schnittstellendefinition oder gemeinsame Produkt-Lösung etc.
- Im Bereich **Preispolitik** sollte ebenfalls der Partner Einfluss haben. Er sollte frühzeitig über Veränderungen im Preisgefüge informiert werden. Er muss Zeit haben zu überprüfen, inwieweit „die neue Preisliste" in die eigene Preispolitik passt. Ggf. müssen auch die „Back-Office-Systeme" mit enormem Aufwand angepasst werden. Es muss auch geklärt werden, wie sich bei dem Partner eine neue Preispolitik auswirken wird, insbesondere im Hinblick auf die Kernprodukte, die er „veredelt" seinen Kunden anbietet. Es sollten auch Toleranzbereiche zugestanden werden, in denen er sich über seine bisher bestehenden Discounts hinaus bewegen darf.
- Im Bereich der **Absatzwege** ist zu klären, ob man dem Partner für einige Lösungen erlaubt, Lizenzen „unterzulizensieren", welche Absatzwege der Partner besonders „bearbeiten" soll und inwieweit das nicht dem Interesse eines jeweils anderen Partner zuwiderläuft.
- Im Bereich **Promotion**, also der Werbung und der verkaufsfördernden Maßnahmen, sind die Aktivitäten ständig zu überprüfen und miteinander abzustimmen.

Bei der Definition des gemeinsamen Marketing-Mix ist Folgendes zu beachten:

- Haben wir die Vielzahl aller Kombinationen im Mix überprüft, inwieweit sie dem Kundenbedarf in dem Segment überhaupt entsprechen? Wenn ja, steht diese Kombination aus Lösung-Preis-Bündel-Absatzkanal-Werbung im Widerspruch zum jeweils eigenen Marketing-Mix ?
- Sind wir uns der Ausstrahlungseffekte der Marketing-Mix-Kombination bewusst, die sich beispielsweise auf den eigenen Vertrieb auswirken können?
- Welche Verbundeffekte erhofft sich jeder Partner auf seine eigenen übrigen Lösungen und Module?
- In welchen zeitlichen Intervallen sollen die verschiedenen Aktivitäten ablaufen?

Die Marketingaktivitäten nehmen gerade zu Beginn einer entstehenden Partnerschaft naturgemäß einen wichtigen Teil der Aktivitäten ein.

Fazit & Erkenntnis

Je verbindlicher die gemeinsame strategische Initiative und deren Aktivitäten definiert werden, umso reibungsloser werden die regelmäßig stattfindenden Partnerschaftsteam-Besprechungen verlaufen. Dabei wird zusätzlich im internen, eigenen Partnerschaftsplan für jede Aktivität festgehalten, inwieweit diese Aktivität dazu beigetragen hat, Pipeline - und Forecast-Volumen und -stabilität zu erhöhen bzw. zu verbessern.

Schritt 29: Interne Plan-Reviews effizient durchführen

Bereiten Sie die internen Plan-Reviews gut vor, in dem Sie den eigenen Partnerschaftsplan „verjüngen". Teilen Sie ihn nicht einfach aus, sondern erstellen zu allen wichtigen Punkten eine entsprechende Präsentationsfolie. In einem Review geht es nicht um eine Status-Besprechung, sondern darum, mit den Teilnehmern Ansätze für Verbesserungen zu finden und Themen zu diskutieren, die einer gemeinsamen Bewertung bedürfen.

Versuchen Sie die Anzahl der Teilnehmer an so einem Review nicht größer als fünf werden zu lassen. Die ideale Größe sind drei und dazu zählen der Partnermanager, der Vorgesetzte und je nach strategischer Partnerschaftsausrichtung ein Senior Manager vom Verkauf oder von der Produktentwicklung. In Ihrer Einladung nennen Sie Zeit, Ort und Ziel der Besprechung und geben die wichtigsten drei Besprechungspunkte stichwortartig wider. Prüfen Sie vorher, wie lange Sie für Ihre Präsentation brauchen, und nehmen Sie als Faustregeln 50 % der Zeit zusätzlich für die eigentliche Review-Besprechung an.

Achten Sie auf einen pünktlichen Beginn und weisen Sie die Teilnehmer auf Störfaktoren wie Handy oder Arbeiten am Laptop hin. Erklären Sie, dass Sie das Protokoll erstellen und im Anschluss an die Besprechung als Review-Notiz im Partnerschaftsplan jedem Teilnehmer zukommen lassen werden. Orientieren Sie sich an Ihren drei Hauptthemen im Review und vermeiden Sie es, sich von anderen Teilnehmern auf einen anderen Themenblock „schieben" zu lassen. Letzteres passiert sehr oft, wenn einer oder mehrere Teilnehmer sich nicht adäquat auf die Review-Besprechung vorbereitet haben und davon ablenken wollen.

Wenn sich diese „Nebenthemen" nicht vermeiden lassen, dann notieren Sie diese auf dem Flipchart, so dass Sie im Nachgang der aktuellen Review-Themen diskutiert werden. Legen Sie nach der Review-Besprechung sofort den nächsten Termin fest.

Die wichtigsten Punkte des Reviews eines Partnerschaftsplans sind immer:

1. Forecast-Pipeline-Veränderung
2. Die aktuell größten Kundenprojekte und ihre Fortschritte seit dem letzten Review
3. Aktivitäten- Fortschritte
4. Ressourcenallokation und Auslastungsgrad, weitere Investitionen
5. Status Beziehungsmanagement
6. Aktualisierte SWOT-Analyse

Der größte Themenblock wird insbesondere zu Beginn der Partnerschaft anstehen und mindestens einmal im Jahr (zumeist drei Monate vor der ersten Geschäftsplanungsbesprechung in der Geschäftsleitung), wenn gefragt wird, welche Kosten mit dieser Partnerschaft einhergehen werden. Diese Kostensituation wird sich abweichend von den ersten Phasen der Partnerinitiierung deutlich verschlechtern, wenn Marketingressourcen, Produktentwicklungen (z. B. Schnittstellen) mit konkreten Zahlen definierbar werden. Immer wieder passiert es, dass beispielsweise eine Integration mit einem Partnerprodukt in dem Moment die ganze Partnerschaft in Frage stellt, wenn auf Anhieb keine aktuellen Projekte dagegenstehen. Dann werden historische, verloren gegangene Projekte herangezogen, um zu beweisen, dass man hier den Kunden nur deshalb nicht überzeugen konnte, weil beispielsweise die Integrationsschnittstelle fehlte (Abb. 64).

Der Produktentwicklungsinvestitionsbedarf, der mit einer Partnerschaft einhergeht, ist deshalb so früh wie möglich mit dem Partner zu eruieren, um ihn in die gesamtunternehmerische Planung einbringen zu können und um auch so genug Zeit zu gewinnen, die Beschlussvorlage entsprechend profund zu erstellen. Der oben dargestellte Produktinnovationszyklus soll dies im Zusammenspiel mit dem Partner-Verkaufszyklus verdeutlichen. Entlang der strategische Ausrichtung steht am Anfang deshalb immer die Frage: Mit welcher Lösung müssen wir an den Markt herantreten, um mit der Partnerschaft gemäß den strategischen Initiativen Erfolg zu haben? Verlassen Sie sich nicht darauf, was der Partner sagt, sondern hinterfragen Sie die Themen bei Prospects und Kunden aus dem Zielsegment. Eruieren Sie dann, mit welchen Aufwänden insgesamt zu rechnen ist und welchen Aufwand der Partner und Ihr eigenes Unternehmen davon tragen müssen. Dann erstellen Sie eine Prioritätenlisten für alle Entwicklungen inkl. Kosten und deren mögliche Erträge und, wenn es geht, inkl. Kunden- und Prospect-Namen.

Um sehr viele Unwägbarkeiten gerade zu Beginn einer Partnerschaft zu umgehen, insbesondere was anzunehmende Kosten, Investitionen etc. betrifft, bietet es sich an, den Aktivitäten die Kosten, die unmittelbaren Erträge (falls vorhanden) und die Nebeneffekte aufzulisten. Nebeneffekte sind Effekte, die entstehen, wenn eine Marketingaktion auch Ausstrahlungen auf andere Bereiche hat oder wenn eine neue Schnittstelle, durchaus mit kleineren Abweichungen, für andere bestehende Segmente interessant ist und sich so das Kundenpotenzial deutlich besser ausschöpfen lässt.

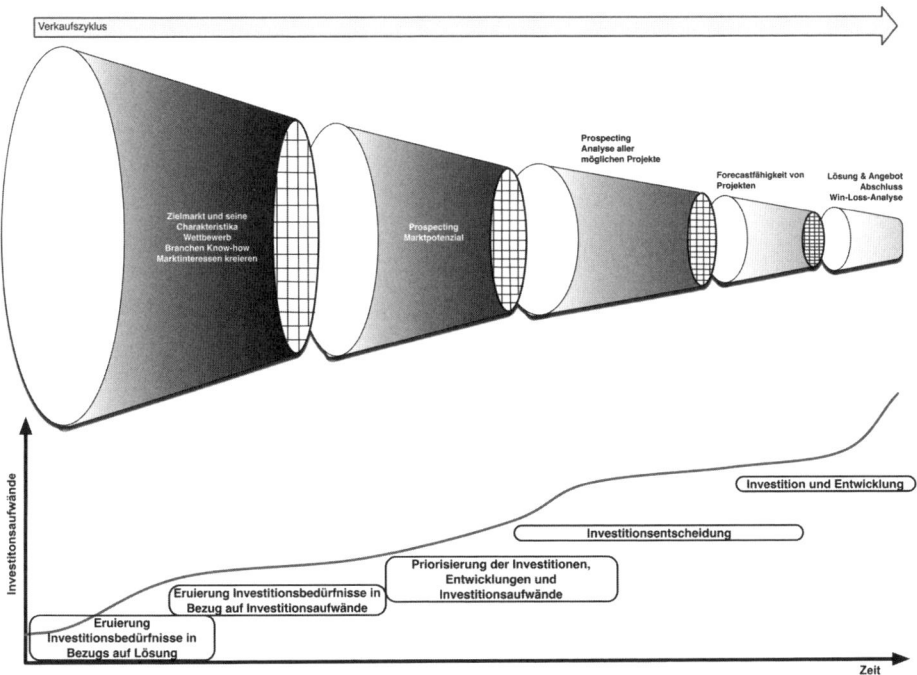

Abb. 64 Verkaufs- und Investitionszyklus

Fazit & Erkenntnis

Die internen Plan-Reviews sollten sich immer an der gleichen wiederkehrenden Agenda orientieren. Damit wird vermieden, dass Nebenthemen diskutiert werden, die im Plan-Review nichts zu suchen haben. Der Plan-Review prüft die bisher erreichten Ergebnisse (Pipeline, Forecast, Umsatz, Kosten etc.), hält Abweichungen fest und definiert alternative Aktivitäten. Ohne diese Plan-Reviews bleiben Investitionsentscheidungen in Bezug auf eine Partnerschaft zumeist projektbezogen. Mit den regelmäßigen Plan-Reviews erhöht sich sukzessive die Plangenauigkeit, was Kosteneinschätzungen und insbesondere Investitionsentscheidungen betrifft.

Schritt 30: Das Partnerbeziehungsgeflecht entflechten

In der nächsten Gesprächsphase einer entstehenden Partnerschaft beginnen die Gespräche des Senior-Managements und die jeweiligen Abteilungen des eigenen Unternehmens mit dem Partnerunternehmen. Weiter oben haben wir die Bedeutung des Netzwerks bereits erörtert und wie wichtig es ist, dass der jeweilige Partnermanager über alle Gespräche

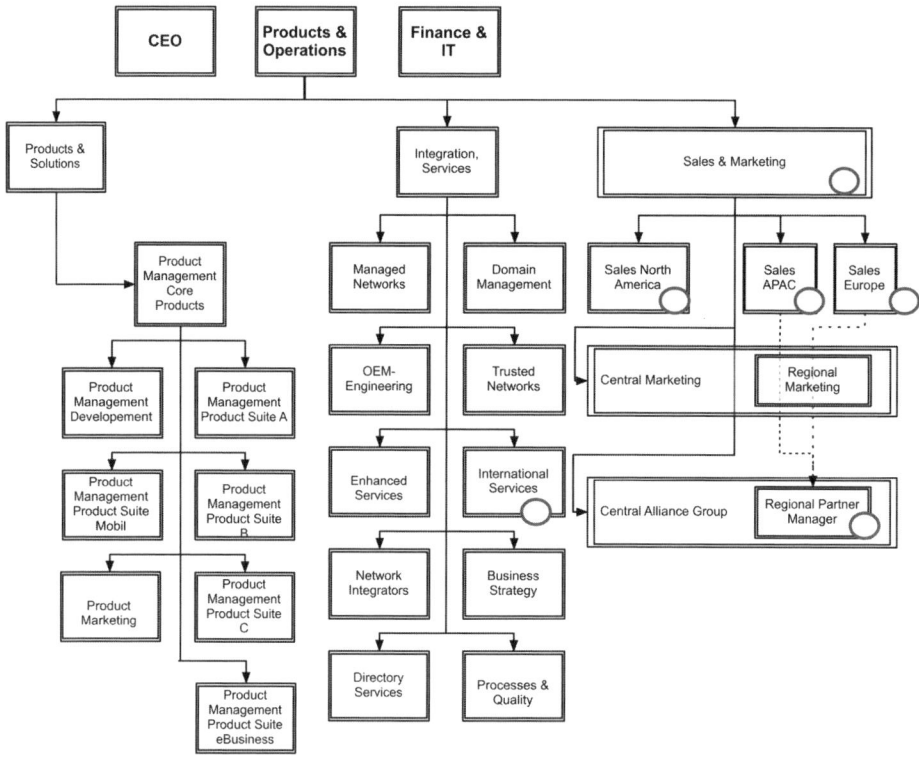

Abb. 65 Partnerbeziehungsgeflecht – 1

zumindest durch kurze Stichworte informiert bleibt (Stichwort: Hol- und Bringschuld des
Partnermanagers).

Wenn es darum geht, dass der Partnermanager „Herr der Kommunikations-
Netzwerklage" bleiben soll, so kann er maßgeblich dazu beitragen, indem er die jeweiligen
Manager selbst über den aktuellen Stand der Partnerschaft informiert und dieser so Informationen nicht nur aus seiner Mannschaft erhält, sondern eben auch vom Partnermanager
selbst.

Für eine reine Vertriebspartnerschaft sind vorrangige Ansprechpartner die Abteilungen
Marketing und Verkauf, und dies sowohl auf globaler und regionaler Ebene (vgl. Abb. 65).

Stellt man nun beide Organisationsstrukturen nebeneinander, dann lassen sich die
augenscheinlichsten Verbindungen einfach beschreiben. Auch der Partnermanager des
Partnerunternehmens wird versuchen, das gleiche Netzwerk aufzubauen. So entsteht ein
Geflecht an Kommunikationswegen, die unabdingbar sind, wenn es gilt, „risikoreiche"
Investitionsentscheidungen einfacher „durchzubekommen" oder Eskalationen schneller zu
deeskalieren (vgl. Abb. 66).

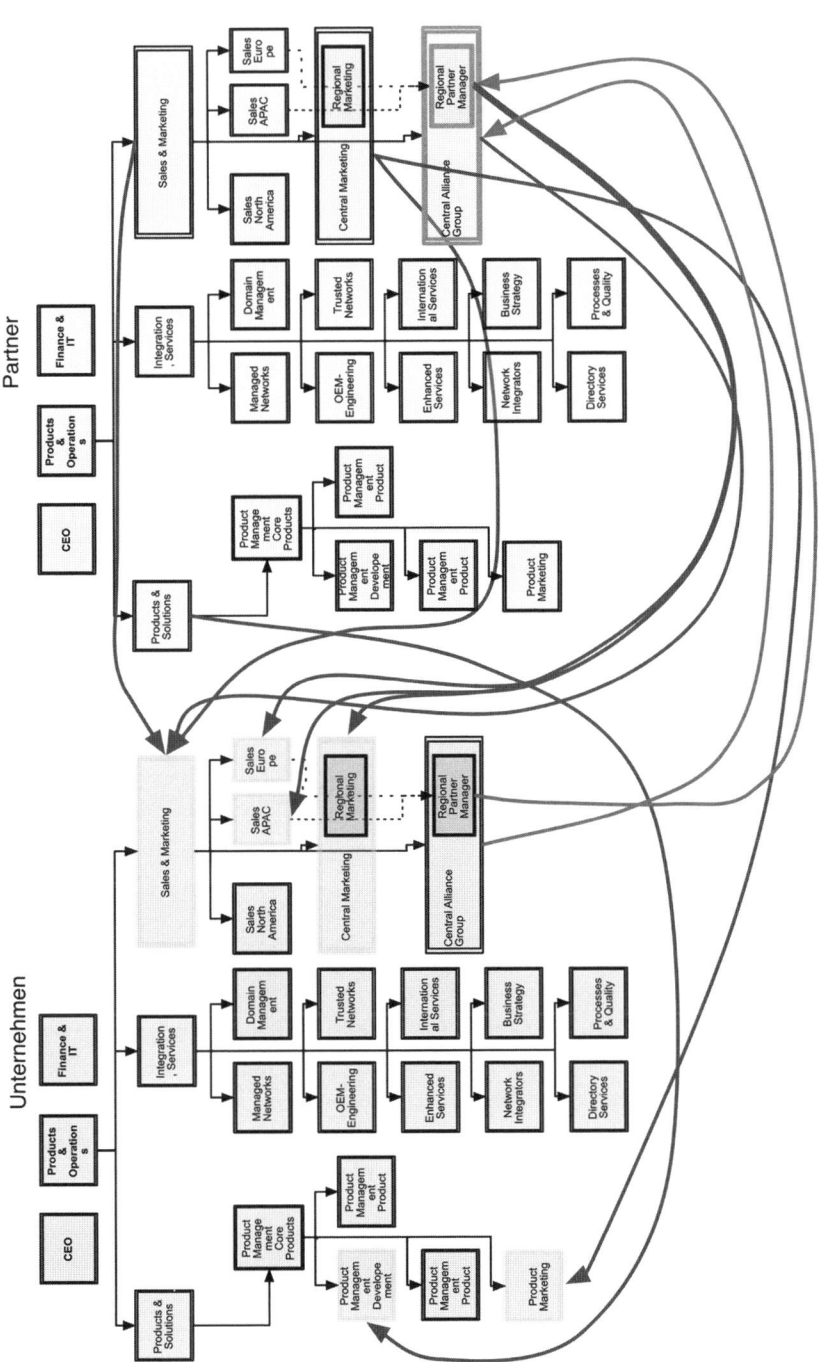

Abb. 66 Beispiel Partnerbeziehungsgeflecht – 2

Im Zuge der Kommunikationsverflechtung werden immer mehr Personen im eigenen Unternehmen eine Meinung zur Arbeit des Partnermanagers entwickeln. Als Partnermanager ist es daher Ihre Aufgabe, dass Sie nicht nur aktuelle Themen für die verschiedenen Unternehmensbereiche vorrätig halten, so dass der jeweilige Manager mit Detailwissen gegenüber seinem Partner-Pendant glänzen kann, sondern, dass Sie auch den Grad der gegenseitigen Kommunikationswege im Auge behalten. Wenn etwa, wie in Abb. 66, die Kommunikationswege von Partner zum eigenen Unternehmen zahlreicher sind als umgekehrt, dann kann man davon ausgehen, dass entweder das Partnerunternehmen das Potenzial dieser Partnerschaft für sich selbst wirklich als hoch erachtet hat, sich sehr viel davon erwartet und/oder dass der Partnermanager des Partnerunternehmens einen deutlich besseren Job macht.

Fazit & Erkenntnis

Der Partnermanager ist der „Communication-Owner". Er steuert die Kommunikationsflüsse, initiiert die bilateralen Kontakte zwischen den Abteilungen und Bereichen. Die Analyse des Kommunikations- und Beziehungsgeflechts macht deutlich, wie die Partnerschaft vom jeweils anderen Unternehmen bewertet und gelebt wird – oder wie einseitig sie womöglich ist.

Partnerschaften überprüfen

Schritt 31: Den Partner und sich selbst beurteilen

Es gibt zahlreiche Möglichkeiten, das etablierte Modell auf Erfolg hin zu überprüfen. Sie können gemeinsam die Initiativen überdenken, um „auf Kurs" zu bleiben. Es ist notwendig, mit dem Partner, losgelöst von allen bestehenden Plänen und Aktivitäten, ein „unabhängiges, einfach zu handhabendes Prüfpapier" aufzusetzen.

Der im Folgenden dargestellte Partnerschafts-Stabilitäts-Check (PSC) ist ein simpler, sehr einfach durchzuführender Test. Seine Wiederholung hängt vom Grad der bisherigen Partnerschaft ab. Der Test ist alle fünf bis sechs Monate zu wiederholen. Auch sollten immer wieder unterschiedliche zusätzliche interne Organisationseinheiten eingebunden werden. Neben Partnermanagement, Produktentwicklung, Marketing, Vertrieb und Services sollten hin und wieder andere Abteilungen mit einbezogen werden wie etwa Rechnungswesen, Personalmanagement etc. Insbesondere ist auch eine separate Beurteilung durch das jeweilige Senior-Managements durchzuführen. Beim Senior-Management ist allerdings zu beachten, dass dieser einfache Fragebogen erst herangezogen werden sollte, wenn die Partnerschaft einen gewissen Reifegrad erlangt hat. Spannend können Befragungen sein, wenn ein Partnerprojekt sich langsam entwickelt und man die Befragung im Senior-Management vor und nach dem Win-Win durchführt. Besondere Abweichungen machen dem Partnermanager dann oftmals deutlich, dass er mit seiner Partnerarbeit im Senior-Management nicht wirklich sichtbar ist, sondern seine Aufgabe nur über Projekterfolge bewertet wird.

Die Vielzahl von Blickwinkeln schafft zusätzliche Offenheit; denn negative Bewertungen entstehen zumeist dann, wenn die entsprechende Organisationseinheit in Bezug auf die Partnerschaft entweder einer besonderen Ressourcenbelastung ausgesetzt ist, wenn sie schlichtweg schlecht geführt ist oder aber einfach keine Informationen erhält. In allen Fällen entsteht dort Handlungsbedarf, der in den Aktivitätenplan einfließen muss.

© Springer Fachmedien Wiesbaden 2015
R. Klimke, *Professionelles Partnermanagement im Lösungsvertrieb*,
DOI 10.1007/978-3-658-06074-9_8

Zunächst bewerten beide Unternehmen zu den jeweils vorgegebenen Themen die aktuelle Partnerschaft selbst, um dann die Punktedifferenz zu berechnen. Bei Abweichungen von mehr als drei Punkten besteht akuter Handlungsbedarf. Aus den unterschiedlichen Bewertungen und den offengelegten Beispielen zu Verschlechterungen oder Verbesserungen lässt sich dann die Differenz ermitteln und es lassen sich unmittelbar Aktivitäten entwickeln, um die Missstände zu beheben. Dabei sollte der Fokus nicht nur auf den negativen Abweichungen liegen, sondern beide Partnermanager sollten die Testergebnisse aus vergangenen Befragungen mit in die Betrachtungen einbeziehen. Dies ist wichtig, denn so kann man neben der Momentaufnahme zur Partnerstabilität eben auch eine Entwicklung erkennen.

Bei Abweichungen zwischen den Tests sollten Abweichungen über fünf stärker beachtet werden, und es sollten vor allen Dingen Themen über den Zeitablauf beachtet werden, die grundsätzlich als schlecht oder nur als mäßig bewertet wurden.

Gerade zu Beginn, wenn man diesen einfachen Partnerschafts-Stabilitäts-Check (vgl. Tab. 18) zum ersten Mal durchführt, entstehen manchmal Abweichungen, die auf Missverständnissen in der Interpretation eines Themas beruhen. Diese kann man im Zuge der Partnerschaftsentwicklung ausräumen. Schwieriger sind allerdings massive Abweichungen in den Griff zu bekommen, wenn einer der Partner den aktuellen Test vor dem Hintergrund einer Eskalation oder eines verloren gegangenen Projektes bewertet. Solche „Voreingenommenheiten" lassen sich nie zur Gänze verhindern. Wichtig ist nur, dass die Partnermanager über die Themen mit besonderen Abweichungen sprechen und daraus Konsequenzen ableiten. Es hat sich gezeigt, dass die Bewertungen zunächst getrennt durchgeführt werden sollten. D. h. beide Partner bewerten unabhängig voneinander die einzelnen Themen und können sich auch besser Stichworte machen, was einzelne Mitarbeiter und Kollegen zu den verschiedenen Bewertungen an Kommentaren abgegeben haben. Beide Partner sollten genügend Beispiele anführen können, um die Bewertung zu verdeutlichen. Daraus werden beide Partnermanager eine Fülle von Hinweisen und Ideen bekommen, die für ihren gemeinsamen Aktivitätenplan wichtig sind.

Das Problem des Partnerstabilitätstests ist zumeist, dass beide Partnermanager diese Befragungen nur aus ihrem Blickwinkel durchführen. Wenn nun beide Partnermanager sich gut verstehen, dann fällt die Bewertung meist „gleichmäßig harmonisch" aus. Oft scheuen auch Partnermanager davor zurück, diesen Stabilitätstest im eigenen Unternehmen zu streuen, weil die Auswertung und das Einfordern der Test mit sehr viel Arbeit verbunden ist. Es bietet sich an, zumindest die Mitglieder des Partnerschaftsteams und der Projektsteuerung, Partner Gremium, immer hinzuziehen. Je breiter sie im Laufe der Partnerschaft diesen einfachen Stabilitätstest im Unternehmen anlegen, d. h. je mehr Abteilungen sich an dieser Befragung beteiligen, umso aussagefähiger ist dieser Test. Wenn der Partnermanager diese Arbeit scheut, dann sollte er zumindest den Versuch starten, seine Bewertung über das Internet „abzurunden". Unter den täglichen 400 Mio. Twitter-Einträgen und den 1,3 Mio. täglichen Blog- und Foreneinträgen, lassen sich gezielt einzelne Fragen zum Partner und ggf. zur Partnerschaft abrufen, um so eine Tendenz – positiv wie negativ – zu eruieren.

Tab. 18 Partnerschafts-Stabilitäts-Check

Kriterium *Wie bewerten Sie …*	Ergebnis der internen eigenen Bewertung 1 (sehr gut) – 10 (sehr schlecht) bzw. 1 (stimme zu) – 10 (stimme nicht zu)	Ergebnis der externen Bewertung durch den Partner 1 (sehr gut) – 10 (sehr schlecht) bzw. 1 (stimme zu) – 10 (stimme nicht zu)	gemeinsam: Punktediff. als Abweichungs-grad in Punkten	gemeinsame Aktivitäten definiert ja/nein & Was tun?
Kooperationsgebahren				
Preisbesprechungen untereinander				
Preise am Markt				
Unternehmerische Flexibilität des Partners				
Persönliche Voraussetzungen für die weitere Zusammenarbeit				
- Vertrauen				
- Zuverlässigkeit				
- Teamfähigkeit				
Ergänzen sich die Produktportfolios?				
Ressourcen				
- Vertriebs-Know-how bei beiden Partner vorhanden				
- Qualifiziertes Vertriebspersonal gegeben				

Tab. 18 (Fortsetzung)

Kriterium *Wie bewerten Sie …*	Ergebnis der internen eigenen Bewertung 1 (sehr gut) – 10 (sehr schlecht) bzw. 1 (stimme zu) – 10 (stimme nicht zu)	Ergebnis der externen Bewertung durch den Partner 1 (sehr gut) – 10 (sehr schlecht) bzw. 1 (stimme zu) – 10 (stimme nicht zu)	gemeinsam: Punktediff. als Abweichungs-grad in Punkten	gemeinsame Aktivitäten definiert ja/nein & Was tun?
- Produkt-Know-how vorhanden				
- Vertriebsressourcen in ausgewogenem Verhältnis zu Win-Situationen				
Unternehmensimage Partner X im Markt				
Unternehmensimage Partner Y im Markt				
Übereinstimmung Qualitäts- und Service-Auffassung bei beiden Partnern				
Werden die Ziele auf allen organisatorischen Ebenen bei den jeweiligen Partnern gelebt?				
Liegen die Vorteile der Partnerschaft noch immer auf der Hand?				
Haben wir wirklich eine WIN-WIN-Partnerschaft, die funktioniert?				

Tab. 18 (Fortsetzung)

Kriterium *Wie bewerten Sie …*	Ergebnis der internen eigenen Bewertung 1 (sehr gut) – 10 (sehr schlecht) bzw. 1 (stimme zu) – 10 (stimme nicht zu)	Ergebnis der externen Bewertung durch den Partner 1 (sehr gut) – 10 (sehr schlecht) bzw. 1 (stimme zu) – 10 (stimme nicht zu)	gemeinsam: Punktediff. als Abweichungs-grad in Punkten	gemeinsame Aktivitäten definiert ja/nein & Was tun?
Haben beide Partner an ihren Stärken und Schwächen gearbeitet?				
Zufriedenheit mit dem jeweiligen Partnerkontaktmanagement				
Funktioniert das Eskalationsmanagement im Allgemeinen bei kaufmännischen Themen?				
Funktioniert das Eskalationsmanagement im Allgemeinen bei Technik-Themen?				
Grad der Harmonie zwischen den interagierenden Partnern auf operativer Ebene				
Generieren beide Partner regelmäßig Fragen zur zukünftigen Marktentwicklung?				

Tab. 18 (Fortsetzung)

Kriterium *Wie bewerten Sie …*	Ergebnis der internen eigenen Bewertung 1 (sehr gut) – 10 (sehr schlecht) bzw. 1 (stimme zu) – 10 (stimme nicht zu)	Ergebnis der externen Bewertung durch den Partner 1 (sehr gut) – 10 (sehr schlecht) bzw. 1 (stimme zu) – 10 (stimme nicht zu)	gemeinsam: Punktediff. als Abweichungs-grad in Punkten	gemeinsame Aktivitäten definiert ja/nein & Was tun?
Sind die Marketing-Aktivitäten für das nächste Quartal definiert?				
Wie verhält sich das jeweilige Top-Management in Bezug auf die Partnerschaft?				
Sind die gemeinsamen Aktivitäten im letzten Quartal erfolgreich gewesen?				

Fazit & Erkenntnis

Der Partnerschafts-Stabilitäts-Check (PSC) ist ein sehr einfach durchzuführender Test, um die Partnerschaft zu bewerten. Er ist schnell durchzuführen und macht sofort die wirklichen aktuellen Knackpunkte offensichtlich.

Schritt 32: Den Unterschied zwischen gewollter und gelebter Partnerschaften erkennen

Eine Partnerschaft wird in der Regel von einem Partner initiiert. Dies muss aber nicht notwendigerweise auch der Partner sein, der den größten Nutzen von dieser Partnerschaft hat. Im Laufe einer Partnerschaft kann sich auch der meiste Nutzen von einem auf den anderen Partner verlagern und sehr einseitig werden. Eine Partnerschaft durchläuft Zyklen (vgl. Abb. 67).

• Den Status „keine Partnerschaft bzw. neu initiierte Partnerschaft" entspricht den ersten Phasen einer angehenden Partnerschaft: man spricht miteinander, man tauscht Informationen miteinander aus, man vereinbart ggf. gemeinsame Marketingaktivitäten, der Entwurf des Partnervertrags liegt vor etc. Treiber ist in dieser Phase der Partnermanager.

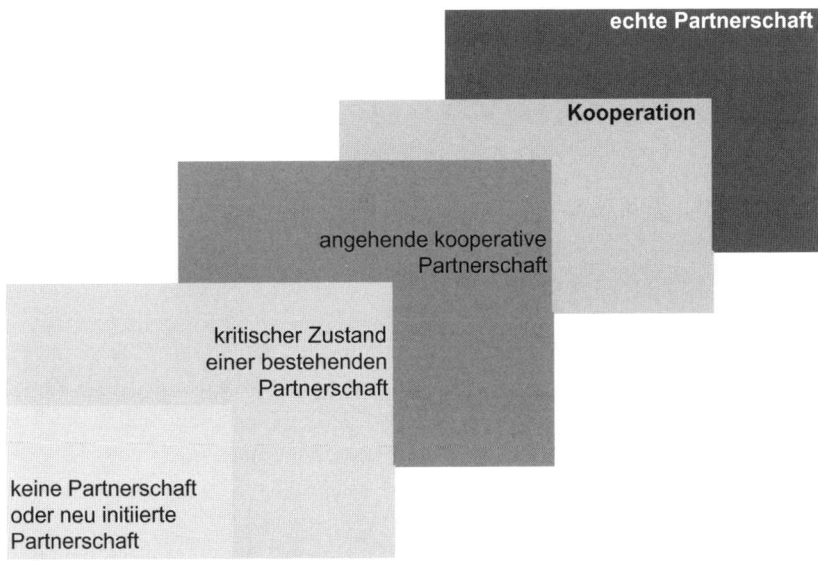

Abb. 67 Partnerschaftsphasen

- Vom Status einer angehenden, kooperativen Partnerschaft kann man sprechen, wenn der Partnervertrag unterschrieben ist, der jeweilige Vertrieb sich über erste gemeinsame Projekte unterhalten hat, Service und Support erste Gespräche zur Zusammenarbeit geführt haben, erste Projekte gewonnen wurden, mehrere Projekte im Forecast sind etc. Treiber ist in dieser Phase der Partnermanager.
- Von „Kooperation" spricht man, wenn das tägliche Partnergeschäft fest in den eigenen Unternehmensprozessen verankert ist, bilaterale Gespräche zwischen den Unternehmenseinheiten geführt werden, Rituale wie gemeinsame Feste etc. gelebt werden, die Partnerschaft im Markt als stabil und erfolgreich wahrgenommen wird. Treiber sind in dieser Phase der Partnermanager und Organisationseinheiten, die einen unmittelbaren Nutzen sehen und erleben.
- Der Status „echte Partnerschaft" verzahnt die beiden Unternehmen noch enger miteinander. Das Senior-Management unterhält einen regen Austausch miteinander. Immer wieder werden „Gerüchte" laut, dass man doch gemeinsam agieren könnte oder der eine den anderen kaufen könnte, weil man sich doch so gut ergänzt. Lösungen aus der Partnerschaft sind sehr erfolgreich am Markt platziert. Die Partnerschaft hat eine besondere Kundenreferenzliste etc. Treiber sind in dieser Phase sehr viele Mitarbeiter im Unternehmen, die eine persönliche Beziehung mit dem Partner und seine Mitarbeitern aufgebaut haben.

Zu Beginn einer Partnerschaft sind sich die Partnerunternehmen einig, dass ihre Partnerschaft „das Zeug hat", sich zu einer echten Partnerschaft zu entwickeln. Diese Entwicklung ist allerdings, insbesondere in den ersten 3 Phasen, sehr stark von den handelnden Personen abhängig. So kann es eben passieren, dass Partnerschaften nicht aktiv von einem Partner beendet werden, sondern auslaufen, wenn sich die Verantwortlichkeiten geändert haben: früher regelmäßig stattfindende Besprechungen werden verschoben, die Teilnehmerzahl reduziert sich, der Zugang zum Senior-Management im Partnerunternehmen ist ungleich schwieriger geworden, gemeinsame Projekte werden weniger, Forecast- und Pipelinebesprechungen finden, wenn überhaupt, nur noch am Telefon statt.

Die Gefahr besteht bei solchen Entwicklungen ist, dass sie selbst vom Partnermanager nicht mehr wahrgenommen werden, da er selbst neue Partner aufbauen muss und „geistig einen Haken" an die laufende Partnerschaft gemacht hat.

Um diese Entwicklung aktiv zu verfolgen und um sich als Partnermanager nicht selbst etwas vorzumachen, lässt sich der folgende Partnerbeziehungsfragebogen (Tab. 19) sehr gut für eine Einschätzung nutzen. Dieser Fragebogen sollte in der Regel alleine durchgeführt werden und nicht mit dem Partnermanager des Partnerunternehmens besprochen werden.

Gehen Sie einfach die Fragen durch und übertragen Sie die Punktezahl in die Ergebnisspalte.

Summieren Sie dann die Ergebnisse auf und tragen Sie die Gesamtsumme ein. Summieren Sie dann alle Ergebnisse auf, die ein „O" in der ersten Spalte haben, und übertragen Sie das Ergebnis in das Feld „Punkte „O". Genauso verfahren Sie mit den Ergebnissen mit dem Buchstaben „P" in der ersten Spalte.

Tab. 19 Partnerbeziehungstest

										Ergebnis
	1. Formelle Gespräche und Besprechungen finden wie oft statt									
O		4	Regelmäßig	3	Oft	2	Gelegentlich	1	Fast nie	
	2. Als Partnermanager treffe ich das Senior-Management des Partners wie oft?									
P		4	Regelmäßig	3	Oft	2	Gelegentlich	1	Fast nie	
	3. Wir besprechen aktuelle Verkaufssituationen wie oft?									
O		4	Regelmäßig	3	Oft	2	Gelegentlich	1	Fast nie	
	4. Unser Partner versieht unsere Organisation mit dem Prädikat „fast alles ist möglich"!									
O		4	Stimmt voll und ganz	3	Oft	2	Manchmal	1	Nie	
	5. Wir sind Teil des Marketingplans unseres Partners!									
O		4	Stimmt voll und ganz	3	Oft	2	Manchmal	1	Nie	
	6. Unser Senior-Management trifft sich wie oft mit dem Senior-Management unseres Partners?									
O		4	Regelmäßig	3	Oft	2	Gelegentlich	1	Fast nie	
	7. Die Partnermanager treffen sich auch außerhalb des Partnerschaftsgeschäfts?									
P		4	Regelmäßig	3	Oft	2	Hin und wieder	1	Fast nie	
	8. Unser Partner fragt regelmäßig nach Leads?									
O		4	Stimmt voll und ganz	3	Oft	2	Manchmal	1	Nie	
	9. Unser Partner arbeitet Leads, die von uns kommen, seriös ab und informiert über den Fortgang im Verkaufsprozess!									
O		4	Stimmt voll und ganz	3	Oft	2	Manchmal	1	Nie	

Tab. 19 (Fortsetzung)

	Frage	4	3	2	1	Ergebnis
P	10. Begegnungen mit dem Verkaufsvorstand bzw. Chef des Vertriebs des Partners findet wie oft statt?	Regelmäßig	Oft	Gelegentlich	Fast nie	
P	11. Wir werden bei den Verkäufern des Partners regelmäßig in aktuelle Verkaufssituation bei Prospects eingebunden!	Stimmt voll und ganz	Oft	Manchmal	Nie	
O	12. Wir fördern die Partnerschaft regelmäßig in unser eigenen Verkaufsorganisation und indem wir die Vorteile der Partnerschaft aufzeigen.	Stimmt voll und ganz	Oft	Manchmal	Nie	
P	13. Als Partnermanager kenne ich die persönliche Agenda des Power Sponsors und der wichtigsten Schlüsselpersonen!	Stimmt voll und ganz	Der Meisten	Der Wesentlichsten	Kaum	
O	14. Unsere Verkäufer arbeiten Hand in Hand mit den Verkäufern des Partners!	Stimmt voll und ganz	Oft	Manchmal	Nie	
O	15. Der Partnermanager unseres Partners trifft sich wie oft mit unseren Verkäufern?	Regelmäßig	Oft	Gelegentlich	Fast nie	
P	16. Als Partnermanager werde ich als Verkaufscoach von den Verkäufern meines Partners betrachtet, der ihnen hilft.	Stimmt voll und ganz	Oft	Manchmal	Nie	
O	17. Unser Partner lädt uns zu Besprechungen von sich ein, um Marktentwicklungen gemeinsam zu bewerten!	Regelmäßig	Oft	Gelegentlich	Fast nie	
O	18. Unser Senior-Management kennt die aktuellen kritischen Themen innerhalb der Partnerschaft!	Stimmt voll und ganz	Oft	Manchmal	Nie	

Tab. 19 (Fortsetzung)

	Frage	4	3	2	1	Ergebnis
P	19. Unser Partner betrachtet mich als auch als Spezialist mit besonderen Verkaufsfähigkeiten!	Stimmt voll und ganz	Oft	Manchmal	Nie	
P	20. In jeder der Wertaktivitäten der Partnerschaftswertkette kenne ich das Senior-Management persönlich!	Stimmt voll und ganz	Fast Alle	Ein paar	Keine	
O	21. Trainings und vertriebliche Partnerschafts-Kickoffs finden wie oft im Jahr statt?	Regelmäßig	Oft	Gelegentlich	Fast nie	
P	22. Wie oft informiere ich als Partnermanager einen Senior-Manager direkt in einem persönlichen Gespräch?	Regelmäßig	Oft	Gelegentlich	Fast nie	
O	23. Wie oft führen wir gemeinsame Win-Loss-Analysen bei verloren gegangenen oder gewonnenen Projekten durch?	Regelmäßig	Oft	Gelegentlich	Fast nie	
O	24. Wir feiern Erfolge mit den Verkäufern aus beiden Organisationen!	Stimmt voll und ganz	Oft	Manchmal	Nie	
P	25. Wie oft kommt mein Senior-Management auf mich zu, wenn es um den Ausbau der Partnerschaft geht?	Regelmäßig	Oft	Gelegentlich	Fast nie	
O	26. Wir veröffentlichen wie oft „Highlights" in Bezug auf die Partnerschaft und „gewonnene Kundenprojekte"?	Regelmäßig	Oft	Gelegentlich	Fast nie	
O	27. Unser Partner veröffentlicht selbstständig Informationen über die Partnerschaft und seine Erfolge!	Regelmäßig	Oft	Gelegentlich	Fast nie	

Tab. 19 (Fortsetzung)

	Frage	4	3	2	1	Ergebnis
P	28. Als Partnermanager vertraue ich unserem Partner, wenn wir Leads miteinander teilen oder gemeinsam an einem Prospects arbeiten!	Stimmt voll und ganz	Oft	Manchmal	Nie	
P	29. Als Partnermanager werde ich aktiv von meinem Verkaufspersonal einbezogen, sollten sich Komplikationen in einer aktuellen Verkaufssituation mit dem Partner ergeben, ohne dass es eine vorherige Eskalation an das eigene Senior-Management gegeben hat!	Stimmt voll und ganz	Oft	Manchmal	Nie	
P	30. Unser Senior-Management fragt wie oft nach der Qualität und Leistungsfähigkeit des eigenen Verkaufsteams in Bezug auf die Partnerschaft?	Regelmäßig	Oft	Gelegentlich	Fast nie	
O	31. Gemeinsame Marketingaktivitäten werden frühzeitig vor der jeweiligen Budgetplanung zwischen den Partnern abgestimmt!	Stimmt voll und ganz	Oft	Manchmal	Nie	
O	32. Verkäufer meiner Organisation vertrauen meinem Partner, wenn wir Leads miteinander teilen oder gemeinsam an einem Prospects arbeiten?	Regelmäßig	Oft	Gelegentlich	Fast nie	
P	33. Die Verkäufer besuchen sich auf Messen am jeweiligen Stand gegenseitig!	Oft	Hin und wieder	Kaum	Nie	
O	34. Forecast- und Pipeline-Planung erfolgt wie oft	Regelmäßig	Oft	Gelegentlich	Fast nie	

Tab. 19 (Fortsetzung)

		4		3		2		1	Ergebnis
O	35. Probleme mit der Rechnungsstellung und dem Zahlungsein- und -ausgang werden sofort thematisiert?	4	Stimmt voll und ganz	3	Oft	2	Manchmal	1	Nie	
P	36. Aktuelle Wettbewerbsinformationen teilt unser Partner wie oft mit uns?	4	Regelmäßig	3	Oft	2	Gelegentlich	1	Fast nie	
O	37. Unser Partner würde uns als schnell und hilfsbereit bezeichnen?	4	Stimmt voll und ganz	3	Oft	2	Manchmal	1	Nie	
P	38. Über Produktneuheiten und neue, strategische Ausrichtungen werden wir von unserem Partner im Vorhinein informiert!	4	Stimmt voll und ganz	3	Oft	2	Manchmal	1	Nie	
O	39. Der Partner als auch wir vergeben besondere „Incentives" an die jeweiligen Verkäufer, die entsprechende Erfolge aufzuweisen haben!	4	Stimmt voll und ganz	3	Oft	2	Manchmal	1	Nie	
P	40. Schlüsselpersonen des Partners fordern mich als Partnermanager vertraulich auf, innerhalb der Partner-Organisation bestimmte Aussagen zu treffen oder auf bestimmte Schwachpunkte hinzuweisen!	4	Oft	3	Hin und wieder	2	Kaum	1	Nie	
O	41. Die Pipeline- und Forecast-Stabilität ist in Bezug auf die monetären Ziele der Partnerschaft gegeben!	4	Stimmt voll und ganz	3	Oft	2	Teilweise	1	Nie	
O	42. Das Senior-Management unseres Partners will über die Ergebnisse der gemeinsamen Geschäftsplanung informiert werden und fragt nach!	4	Stimmt voll und ganz	3	Oft	2	Manchmal	1	Nie	

Tab. 19 (Fortsetzung)

		4	3	2	1	Ergebnis
P	43. Schlüsselpersonen in der Partnerorganisation besprechen vertraulich ihre Einschätzung des eigenen Managementteams!	sehr oft	hin und wieder	kaum	nie	
P	44. Wir werden wie oft zu den Besprechungen des Verkaufsteams unseres Partners eingeladen?	Regelmässig	Oft	Gelegentlich	Fast nie	
O	45. Gemeinsam veröffentlichen wir wie oft in der Spanne von zwei Jahren Interviews des jeweiligen Senior-Managements, die sich auf die Beziehung der Partnerschaft und den weiteren Weg beziehen?	Oft	Hin und wieder	kaum	nie	
P	46. Wie schnell werden wir von Schlüsselpersonen in der Partnerorganisation darüber informiert, dass sich bestimmte für die Partnerschaft kritische, negative Tendenzen abzeichnen, wie Organisationsstrukturänderungen, neues Management etc.?	Sehr schnell	Schnell	Langsam	Nie	
O	47. Unser Partner würde die Erreichbarkeit von Schlüsselpersonen, die für ein aktuelles „Prospect-Projekt" unerlässlich sind, als sehr gut bezeichnen	Auf jeden Fall	Gelegentlich	Kaum	Nie	

Tab. 19 (Fortsetzung)

								Ergebnis
	48. Das Verhältnis und die Dynamik der „gelebten" Partnerschaft ist so gut wie je zuvor							
P	4	Ja	3	Hat ein bisschen abgenommen	2	Kann man so nicht sagen	1	Deutlich schlechter geworden
	49. Die Unternehmenskultur des Partners ist in vielen Bereichen kompatibel mit der unseren!							
O	4	Stimmt voll und ganz	3	In weiten Teilen	2	Ein bisschen	1	Nein
								Gesamt
								Punkte „O"
								Punkte „P"

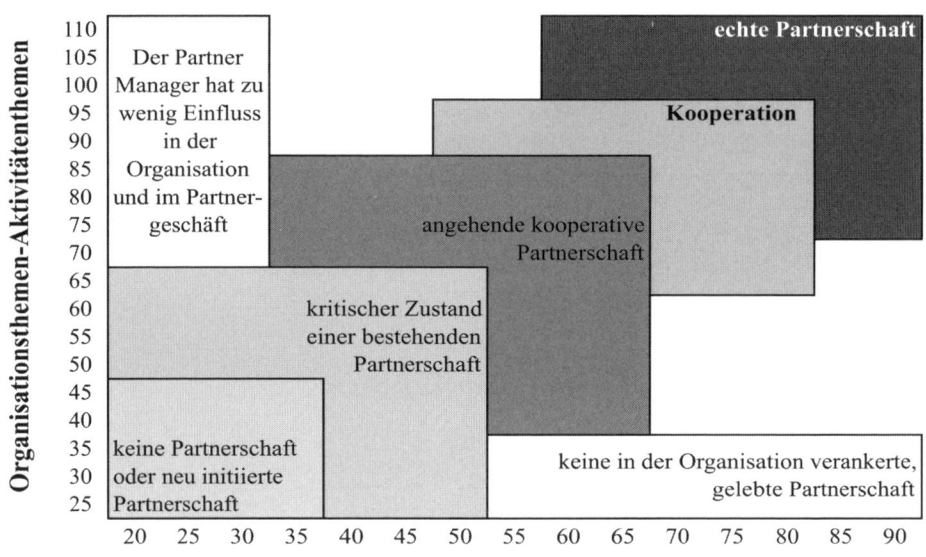

Abb. 68 Analyse – Auswertung Partnerbeziehungstest

Positionieren Sie nun die Ergebnisse aus „Punkt „O" und „Punkt „P" in eine Grafik, wobei O auf der Ordinate (Y-Achse) und P auf der Abzisse (X-Achse) steht (vgl. Abb. 68).

Es gibt Feldbereiche, die es erlauben zu sagen, dass die Partnerschaft keine wirkliche Bedeutung hat. Liegen diese in einem Bereich, der in Abb. 69 rot hinterlegt ist, dann prüfen Sie Ihr bisheriges Engagement.

Da es sich bei dem obigen Partnerbeziehungstest um einen Test handelt, den nur der Partnermanager für sich durchführt, ist es besonders einfach, ehrlich zu sich hinsichtlich seiner bisherigen Arbeit zu sein. Ein besonders hohes Ranking bei gleichzeitigem Umsatzrückgang oder negativen Ergebnissen im Partnerstabilitätscheck (siehe oben) lassen vermuten, dass Selbst- und Fremdwahrnehmung ein ernstes Problem des Partnermanagers sind. In jedem Fall offenbart dieser Test auf einfache Weise die noch anstehenden und bisher vernachlässigten Aufgaben, oder aber der Partnermanager muss sich eingestehen, dass diese Partnerschaft keine Partnerschaft mehr ist und Ressourcen sukzessive anderweitig im eigenen Unternehmen verplant werden können.

Auch in Bezug auf den Beziehungstest gilt es, die Positionierung im Zeitablauf mitzuverfolgen. Je nach Beziehung zum Management kann so ein Test auch offengelegt werden und insbesondere die Bewertung im Zeitablauf diskutiert werden. Allerdings kann es dann passieren, dass der Test damit zu einem „Reporting-Tool" verkommt und nicht mehr der „wirklichen" Wahrheit entspricht.

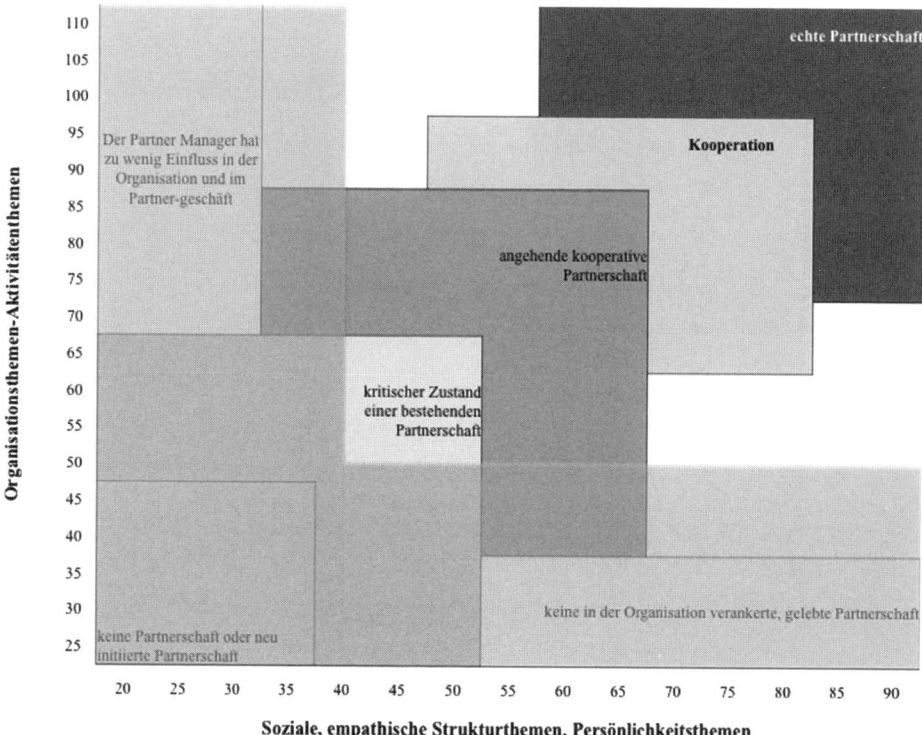

Abb. 69 Partnerbeziehungstest – Gebiete ohne weitere Entwicklung

---

Fazit & Erkenntnis

Der Partnerbeziehungstest ist umfänglicher, als der Partnerschafts-Stabilitäts-Check, hat aber einen Vorteil: er geht in der Regel schneller, da es lediglich der Partnermanager selbst ist, der die Partnerschaft bewertet. Es ist sein Werkzeug, das dem Partnermanager offen vor Augen führt, sofern er es nicht selbstbetrügerisch nutzt, wie es sich mit der Partnerschaft verhält, inwieweit insgesamt positive Entwicklungen zu verzeichnen sind und ob man dem Ziel einer echten Partnerschaft nähergekommen ist.

Schritt 33: Die strategischen und operativen Risikopotenziale im Zeitverlauf bewerten

Im Rahmen des Partnerauswahlprozesses sind bereits Risiken und mögliche Gefahren eruiert worden. Im Laufe der Gespräche der Partnerschaftsinitiierung und in der laufenden Partnerschaft haben sich manche Risiken und Gefahren relativiert und andere Risiken sind

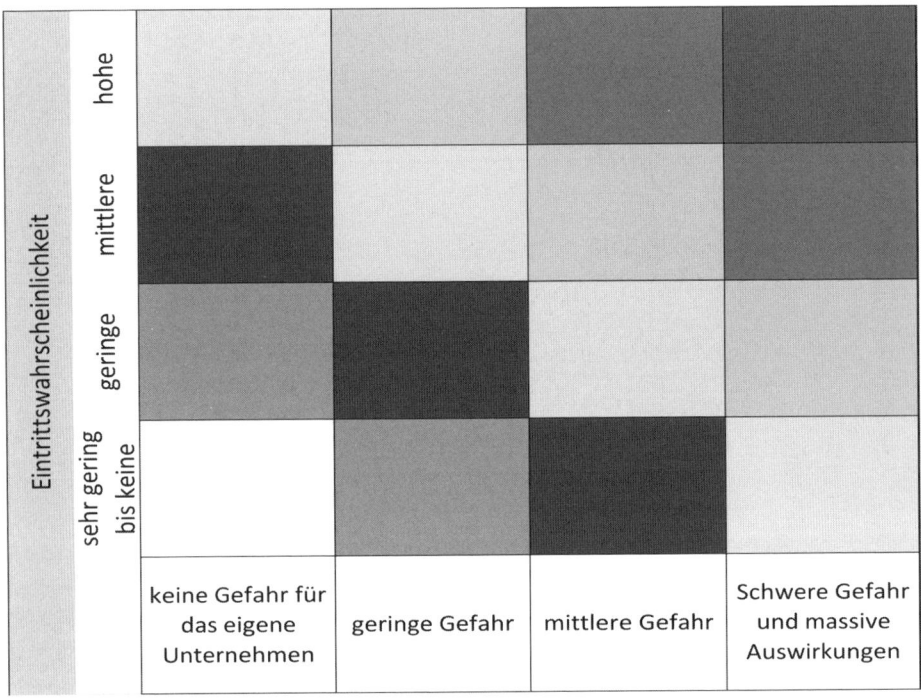

Abb. 70 Risikomatrix – 2

dazu gekommen. Es ist nun wichtig, diese Gefahren im Auge zu behalten, wie sie sich im zeitlichen Ablauf entwickelt haben. Dies ist insofern wichtig, weil die Abb. 70 auch für das Senior-Management eine einfache Übersicht schafft, ohne dass lange Texte geschrieben werden müssen. Die Risikomatrix (Abb. 70) sollte Teil des eigenen Partnerschaftsplans sein, nicht aber des gemeinsamen Plans.

Es gibt Unternehmen, die diese Risikomatrix zweifach ausfertigen, unterschieden nach strategischen und operativen Themen. Je nach Intensität und Bedeutung des Geschäfts mit dem Partner ist dies auch sinnvoll. Die praktische Erfahrung zeigt aber, dass in manchen Unternehmen sich auch das Senior-Management schwer tut, zwischen strategischen und operativen Themen zu unterscheiden. Deshalb nutzten wir bei Risikoanalysen im ersten Schritt immer diese Risikomatrix für beide Themenbereiche. Im Zuge der Partnerschaft kann es dann passieren, dass die Anzahl der beleuchteten strategischen und operativen Aspekte sehr groß wird. Spätestens dann kann man die Risikomatrix nach strategischen und operativen Themen auf zwei Analysen aufteilen. In jedem Fall ist zu empfehlen, die Risiken und Gefahren zu nummerieren, denn diese Ansicht wird schnell unübersichtlich, wenn man dann auch noch den zeitlichen Ablauf miteinbezieht.

1. Sammeln Sie zunächst die Risiken und Gefahren, gleich ob es sich nun um strategische oder operative Themen handelt. Bewerten Sie jeweils nur maximal 7 Aspekte.

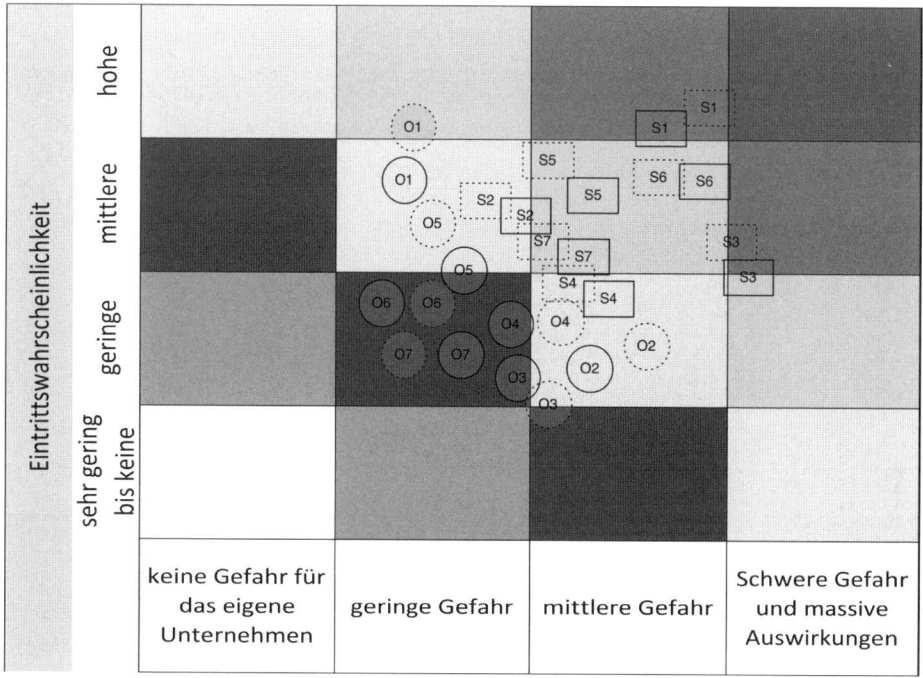

Abb. 71 Beispiel Risikomatrix und Veränderungen der Risiken

2. Kennzeichnen Sie nun die operativen Themen mit „O" und die strategischen Themen mit einem „S".
3. Sortieren Sie nun die Themen nach Blöcken für die strategischen und operativen Themen.
4. Priorisieren Sie nun jeweils die strategischen und operativen Themen.
5. Die strategischen Themen werden nun in Form eines Rechtecks inkl. der Prioritätennummer in der Risikomatrix positioniert.
6. Die operativen Themen werden nun in Form eines Kreises inkl. der Prioritätennummer in der Risikomatrix positioniert.

Wir raten davon ab, mit Farben anstatt den Rechteck- und Kreissymbol zu arbeiten, da Menschen farbliche Präferenzen haben, die ggf. vom eigentlichen Inhalt und den wirklichen Prioritäten ablenken. Tabelle 20 soll dies verdeutlichen.

Nachdem nun die Positionen in der Matrix eingetragen wurden, entsteht im Laufe der Partnerschaft eine Übersicht (vgl. Abb. 71), die beschreibt, wie sich bestimmte Themen im Zeitablauf verschoben haben. Dabei markieren die gestrichelten Symbole die Bewertung aus vorherigen Analysen.

Tab. 20 Beispiel für Risikomatrixthemen

S/O	Prio	Thema
S	1	Partner wechselt zum unmittelbaren Wettbewerber und kann aufgrund der Kundenbeziehung erfolgreich Kunden migrieren
S	5	Partner investiert sehr viele Ressourcen in den für uns nicht relevanten Randmarkt
S	6	Partner kann sich erfolgreich in unserem unteren, direkten Marktsegment behaupten – Partnerschaftskonflikte drohen
S	3	Aufgrund der starken Vertriebsaktivitäten des Partners werden 80 % der Trainingskapazitäten und Support-Ressourcen gebunden – Mitarbeiter müssen zusätzlich eingestellt werden
S	2	Partner bedient das Massenmarkt-Segment mit entsprechend geringer Kapitaldecke, was zu Forderungsausfällen führen kann
S	7	Das Produktmanagement des Partners erfährt zum zweiten Mal in diesem Jahr einen Führungswechsel.
S	4	Es kursieren Gerüchte über die Übernahme des Partnerunternehmens durch einen großen Softwareanbieter
O	1	Derzeit ist unsere Partnerbeziehung auf einem lokalen Vertriebsleiter aufgebaut, die in Gefahr gerät, wenn der VL seine Position verliert oder wechselt
O	7	Das Senior-Management des Partners sprach auf einem Messevortrag nicht explizit von unserer Partnerschaft
O	6	Die Revision des Partnervertrags dauert bereits sehr, sehr lange, Gespräche werden immer wieder verschoben
O	4	Vertriebsmitarbeiter des Partners kennen die Vorzüge unseres Produkts, stellen diese aber in Kundengesprächen nicht immer ins richtige Licht
O	5	Die letzte Produkteskalation dauerte unverhältnismäßig lange
O	3	Der Partnermanager des Partners hat keinen Zugang zum eigenen Senior-Management.
O	2	Partner verlangte in jedem der letzten 4 Angebote für unsere Produkte einen Sonderdiscount, weit über dem vertraglich vereinbarten Discount

Die hier im Beispiel verwendete Anzahl an operativen und strategischen Themen ist grenzwertig. Maximal sieben Themen sollten in einer Analyse dargestellt werden. Zusätzlich kompliziert wird diese Übersicht, wenn mehrere zeitliche Veränderungen mit einbezogen werden.

Fazit & Erkenntnis

Die Risikomatrix rundet neben dem Partnerbeziehungstest, dem Partner-Stabilitäts-Check als letztes Analyse-Tool, die Beurteilung des Status Quo der Partnerschaft ab. Risiken und Gefahren müssen sukzessive geringer werden, ansonsten ist diese Partnerschaft nur mit viel Wohlwollen und Arbeit zu erhalten und mit Blick auf kurzfristige Umsätze zu rechtfertigen.

Die eigene Rolle als Partnermanager richtig definieren

Gerade zu Beginn einer Partnerschaft hat der Partnermanager einen enormen Einfluss auf das spätere Miteinander. Aber gerade der Rolle des Partnermanagers haftet in den meisten Unternehmen etwas Temporäres an, wenn seine Hauptaufgabe auf der Akquise neuer Partner ausgerichtet ist.

Zumeist ist das Partnermanagement dann dem Verkauf zugeordnet. Bei einer etwas strategischeren Ausrichtung findet man das Partnermanagement entweder nahe oder in dem Bereich Business Development wieder. Das mag Sinn machen für manche Unternehmen, muss es aber nicht immer. Nicht selten ist die Business Development Abteilung allerdings entweder einerseits mit Finanz- oder andererseits mit Marketing Know-how „durchsetzt" oder tut sich schwer, mit Partnern über die vertriebliche Vorgehensweise im ersten Projekt zu sprechen. Aufgabenbereiche und Berufsbezeichnungen für Partnermanager sind recht unterschiedlich. Oft ist die Zuständigkeit eines Mitarbeiters für Neu- und Altgeschäft nicht wünschenswert und praktikabel. Wie im direkten Vertrieb gibt es „Hunter" und „Farmer", die von ihrer Persönlichkeit recht verschieden sein können und sollen. Die folgenden Begrifflichkeiten werden allerdings in jedem Unternehmen anders ausgelegt.

- Der sogenannte **Channel Sales Representative** (oder Channel Manager) konzentriert sich auf die Gewinnung, den Aufbau von neuen Partnern und die Entwicklung von Prozessen und ersten Projekten mit diesen neuen Partnern.
- Der **Partner Account Manager** übernimmt den weiteren Ausbau und die Pflege einer bestehenden Partnerschaft. Er ist verantwortlich für die weitere Entwicklung, die sowohl die technische Weiterentwicklung, Schnittstellenspezifikationen, Marketing, Schulungen betrifft. Er kann gleichzeitig für mehrere Partner verantwortlich sein. Er ist die Schnittstelle zum direkten Vertrieb, er de-eskaliert Kanalkonflikte und ist verantwortlich für jegliche Eskalation in das Executive Managements des Partners hinein. Sein

R. Klimke, *Professionelles Partnermanagement im Lösungsvertrieb*,
DOI 10.1007/978-3-658-06074-9_9

Ziel ist es, den Partner so weiterzuentwickeln, dass er selbständig Verkäufe initiieren und durchführen kann.

- Der **Global Account Manager** betreut Großkunden, die wie Partner behandelt werden müssen. Sie haben einen besonders hohen Anteil am Gesamtumsatz. Er verantwortet die strategische Beziehung und organisiert lokale Unterstützung durch die eigenen Account Manager oder Partner Account Manager vor Ort.
- **Consulting und Regional Alliance Manager** entwickeln und unterstützen die Beziehung zwischen Systemintegratoren und Beratungshäusern, die die jeweilige Lösung beim End-Kunden implementieren und den „1st-Level-Support" liefern. Sie haben die Aufgabe, den Entscheidungsprozess in den beteiligten Partnerunternehmen zu beeinflussen, maßgeblich als Taktgeber für die zentral vorgegebenen Partneraktivitäten zu fungieren und als Vermittler zwischen den Partnern zu agieren.

Wie genau die Aufgabe beschrieben ist und was im Vorfeld besprochen wurde, sind die Faktoren, die maßgeblich bestimmen, welches Potenzial sich in der Aufgabe des Partnermanagers kurz- und mittelfristig versteckt. Unabhängig von dieser Aufgabenstellung ist es aber der Partnermanager selbst, der definiert, wie karrierefördernd seine Aufgabe ist. Der Partnermanager kann Geschäftstreiber oder schmückendes Beiwerk sein. Er kann als Randerscheinung mit „schlauen" Präsentationen glänzen oder ein echter Aktivposten im Unternehmen sein. In den folgenden Schritten geht es deshalb darum, das eigene Bild, die eigene Position und das eigene Image im Unternehmen einzuschätzen und maßgeblich mitzubestimmen und damit die Rolle des Partnermanagements auszuleben.

Schritt 34: Die eigene Profilanalyse als Partnermanager erstellen

Ohne in die psychologischen Tiefen der Selbstreflexion einzusteigen, so geht es darum, über die folgenden Aspekte ein „ehrliches" Bild von sich selbst zu bekommen (vgl. Tab. 21). Übertragen Sie die Bewertung (+, +/−, −) von Tab. 21 in das Schaubild von Abb. 72.

Im nächsten Schritt geht es um qualitative und prozessorientierte Themen, die Teil der Aufgabe des Partnermanagements sind (vgl. Tab. 22). Übertragen Sie die Bewertung (+, +/−, −) von Tab. 22 in das Schaubild in Abb. 73.

Anschließend geht es um die soziale Struktur, in der der Partnermanager unterwegs ist (vgl. Tab. 23). Übertragen Sie die Bewertung (+, +/−, −) von Tab. 23 in das Schaubild in Abb. 74.

Zählen Sie nun jeweils alle Minus- und Pluszeichen zusammen und prüfen Sie, welche positiven oder negativen Zeichen jeweils in Abb. 4 auf der einen Seite „Innenwirkung" oder auf der anderen Seite „Außenwirkung" überwiegen. Die Plus/Minus-Bewertungen werden nicht beachtet (vgl. Abb. 75).

Tab. 21 Profilanalyse des Partnermanagers

Kriterium	Beispiel/Erklärungen	+ +/− −
Umsatz	Wie viel Umsatz ist über die vom Partnermanager verantworteten Partnerschaften entstanden? Ist die Umsatzentwicklung eher positiv oder negativ?	
Forecast-Stabilität	Die mit dem Partner gemeinsam eruierten Kundenprojekte im Forecast entsprechen den Forecast-Kriterien? Die prognostizierten Umsätze werden im realen Geschäft bei der Umsetzung/Beauftragung auch erreicht? Der Partner schiebt nicht mehr als 10 % des Forecast-Projektvolumens in den nächsten Monat/Quartal?	
Pipeline-Stabilität	Pipeline- und Forecastvolumen entsprechen im Verhältnis dem Verhältnis im direkten Verkauf? Pipelinevolumen hat sich kontinuierlich erhöht? Projekte in der Pipeline gehen mit der besprochenen Verweildauer zu mindestens 60 % in den Forecast oder sind ausqualifiziert.	
Anzahl Neukunden	Über den Partner sind Neukunden hinzugekommen?	
Fremdwahrnehmung Partnermanager	Wie werden wir als Partnermanager im eigenen Haus wahrgenommen? Werden wir regelmäßig zu Besprechungen in anderen Unternehmensbereichen eingeladen?	
Fremdwahrnehmung des Verkaufs im Partnerunternehmen?	Wir werden regelmäßig zu Verkaufsmeetings eingeladen, um über gemeinsame Projekte zu sprechen, Produkte vorzustellen? Einige Partnerverkäufer suchen meinen Rat und meine Nähe?	
Direkt, monitär	Wie hat sich die Aufgabenerfüllung auf das eigene Gehaltsniveau ausgewirkt?	

Betrachtet man zunächst die Seite der Innenwirkung, dann ergeben sich unterschiedliche Interpretationen. Dies soll anhand von einigen Beispielen konkret gemacht werden (vgl. Abb. 76).

Der Partnermanager, der sich selbst eine solche Bewertung gegeben, hat die Fähigkeit zur Selbstreflexion. Bis auf das Thema Pipeline-Stabilität sind alle messbaren und direkt nachvollziehbaren Kriterien negativ bewertet. Trotz der negativen Umsatzentwicklung, geringen Neukundenzahl und der negativ bewerteten Forecast-Stabilität ist der Partnermanager davon überzeugt, dass er ein gutes Verhältnis zum Senior-Management hat. Das kann auch sein, wenn es sich um den Beginn einer Partnerschaft handelt, aber der Partnermanager muss sich dringend darum bemühen, Projekte aus der Pipeline in den Forecast zu bringen, nötigenfalls mit Druck auf den Partner, den eigenen Verkauf oder gar durch Gespräche mit Prospects und Kunden selbst.

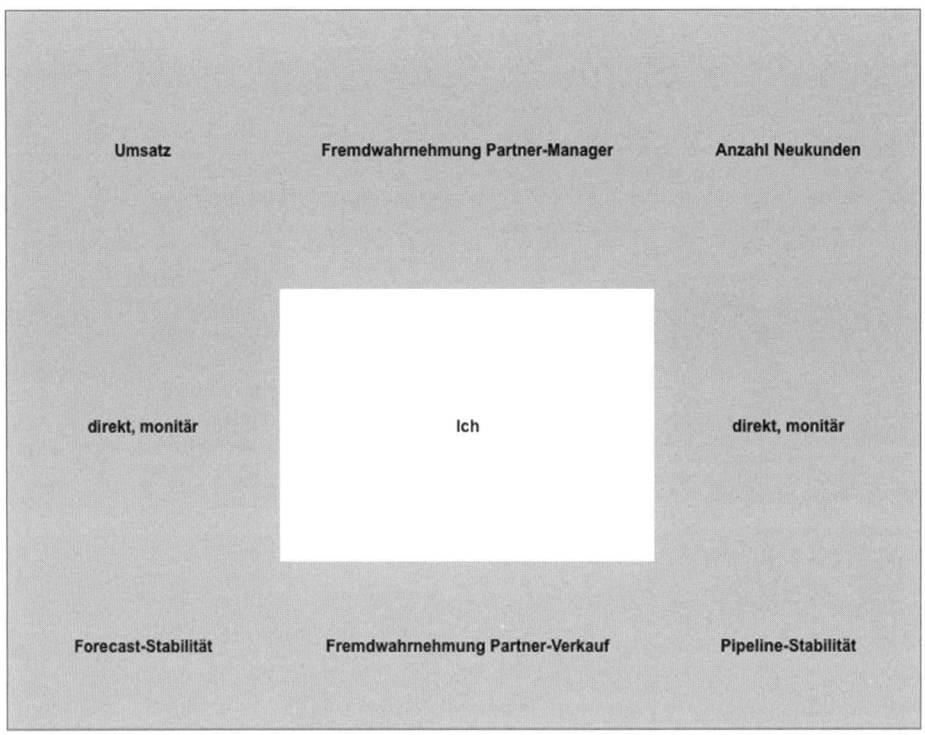

Abb. 72 Profil Partnermanager – Schritt 1

Tab. 22 Profilanalyse – qualitative und prozessorientierte Themen

Kriterium	Beispiel/Erklärungen	+ +/– –
Image „Easy to do business with"	Im Allgemeinen bestätigen mir die eigenen und die Mitarbeiter des Partnerunternehmens, dass ich sehr gut zu erreichen bin, mich der Themen zeitnah annehme und alles tue, damit die Prozesse ziwchen den Unternehmen reibungslos laufen.	
Gute Ergebnisse in der Partnerbeziehungsanalyse	Ergebnisse aus dem Partnerbeziehungstest heranziehen.	
Partnerzufriedenheit	Wie bewerte ich als Partnermanager das allgemeine Gefühl der Partnerzufriedenheit, auch im Hinblick auf die Wirkung der zurückblickenden Eskalationen?	
Direkt, nicht monitär	Sind positive Ereignisse eingetreten, die Hoffnung geben, die Partnerschaft entwickelt sich gut (z.B. gemeinsame Abendessen, Einladungen zu Messen etc.)? Werde ich von Kunden des Partners eingeladen? Stehen gemeinsame Veröffentlichungen in der Fachpresse über Partnerschaftserfolge oder die Partnerschaft im Allgemeinen an? etc.	

Tab. 22 (Fortsetzung)

Kriterium	Beispiel/Erklärungen	+ +/− −
Schneller und besserer Zugang zum eigenen Senior-Management	Hat sich der Zugang zum eigenen Senior-Management verbessert? Hat die Einladung zu offiziellen Besprechungen im eigenen, zugehörigen Senior-Management zugenommenn? Kennen mehr Senior-Manager nun meinen Namen als noch vor 2 Monaten?	
Best Practices für die Prozesse zwischen den Partnern etabliert	Das eigene Unternehmen und das Partnerunternehmen sind sich darüber einig, dass die letzten Eskalationen in diesem Ausmaß oder mit dieser Dauer deutlich hätten reduziert werden können, wenn die Prozesse exakt beschrieben worden wären und man für verschiedene Lösungen bei gemeinsamen Kunden entsprechende Best Practices ausformulieren muss/hat.	
Man spricht über den Erfolg der Partnerschaft im eigenen Haus und beim Partner	Der Erfolg der Partnerschaft wird in den verschiedenen Unternehmensbereichen immer wieder in Besprechungen, Veröffentlichungen erwähnt.	

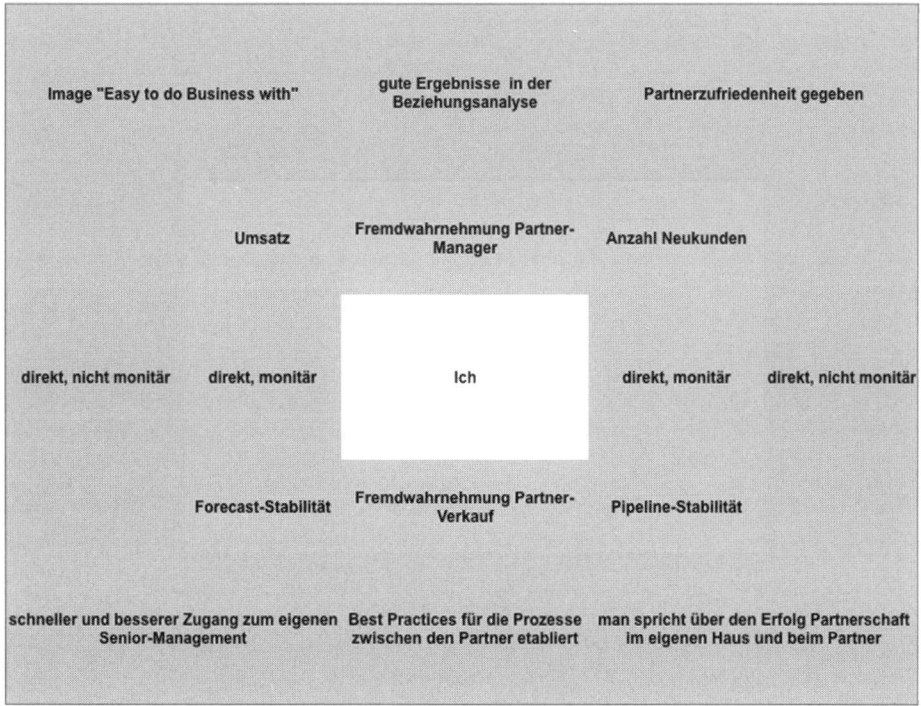

Abb. 73 Profil Partnermanagers – Schritt 2

Tab. 23 Selbsteinschätzung

Kriterium	Beispiel/Erklärungen	+ +/− −
Verhältnis zum gesamten eigenen Senior-Management	Das Senior-Management kennt meinen Namen und die Aufgabe, die ich wahrnehme. Senior-Manager unterhalten sich gern mit mir, sowohl über Smalltalk- und Geschäftsthemen.	
Verhältnis zu Kunden	Obgleich als Partnermanager tätig, suchen Kunden den Kontakt zu mir und schätzen die Gespräche mit mir, weisen mich auf Versäumnisse wohl im eigenen Unternehmen als auch beim Partnerunternehmen hin?	
Verhältnis zu Kollegen in der eigenen Abteilung und „Cross-Organizational Task Forces"	Man sucht in gemeinsamen Pausen, sei es zum Mittagessen, Seminaren meine Nähe und das Gespräch mit mir. Als Partnermanager bin ich Mitgleid in einer der wichtigen Arbeitsgruppen im Unternehmen.	
Verhältnis zum Partnermanager des Partners und der Partnerschlüsselpersonen	Die Gespräche mit dem Partnermanager im Partnerunternehmen sind stets von Offenheit geprägt? Der Partnermanager unterstützt mich im Ausbau des Netzwerks im Partnerunternehmen. Zahlreiche Schlüsselpersonen, die direkt und indirekt über den Erfolg der Partnerschaft entscheiden, kennen mich, helfen mir und fungieren als Türöffner zu anderen Unternehmensbereichen.	
Verhältnis zu direktem Vorgesetzten, Verhältnis zu eigenen Mitarbeitern	Das Verhältnis zum eigenen Vorgesetzten ist von Vertrauen und gegenseitiger Wertschätzung geprägt. Meine Mitarbeiter sprechen positiv mit „Nicht-Mitarbeitern" über meine Rolle als Führungskraft.	
Verhältnis zu Mitarbeitern und Management im Verkauf, Service, Support, Marketing, Verhältnis zu sonstigen Unternehmensbereichen, insbesondere Produktmanagement und Finance	Hat sich das Verhältnis trotz etwaiger Eskalationen zu anderen Unternehmensbereich verbessert oder nicht? Würde ich in Bezug auf mein Engagement in Bezug auf die letzten Konflikte oder Eskalationen mir eher ein positives oder eher ein negatives Zeugnis ausstellen?	
Verhältnis zu Schlüsselpersonen in der Branche	Bin ich bei Messe- und Kongressveranstaltern bekannt, der profunde Markteinschätzungen abgeben kann? Kennen mich die „bekanntesten Personen" der Branche gut? Empfehlen diese Schlüsselpersonen mich an ihre Kontakte weiter?	
Verhältnis zum Partner und seiner Organisationseinheiten, insbesondere deren Senior-Management	Hat sich das Verhältnis zu anderen Unternehmensbereichen im Partnerunternehmen verbessert? Kennt das Senior-Management beim Partner meinen Namen und kann diesem Namen Erfolge zuordnen?	

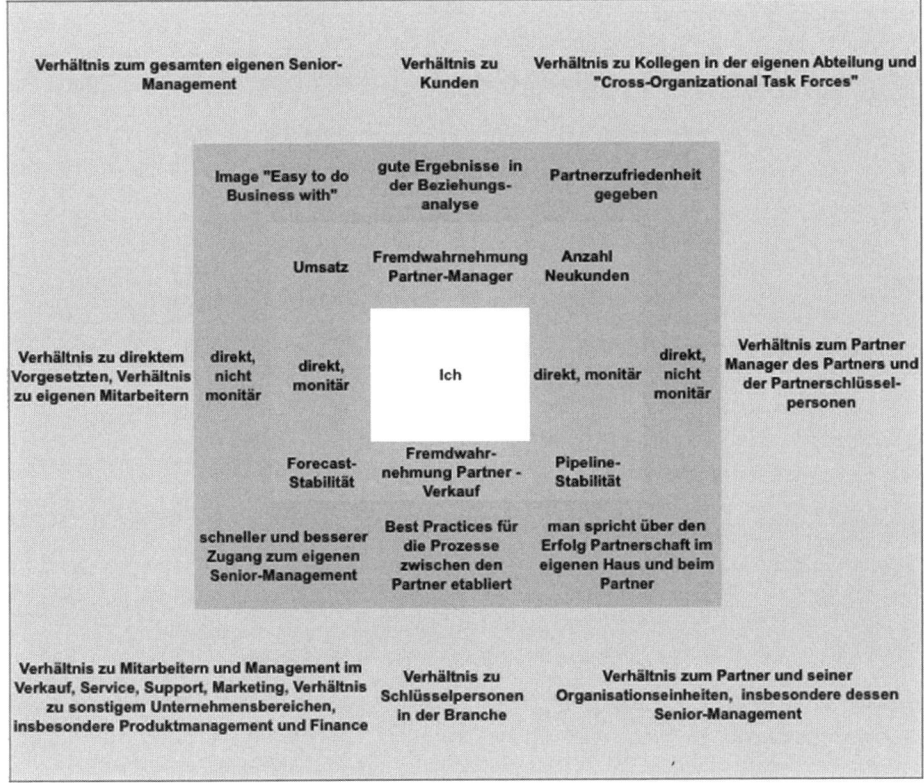

Abb. 74 Profilanalyse Partnermanager – Schritt 3

Abbildung 77 macht deutlich, dass zwar dieser Partnermanager wohl „seine Zahlen" erreicht, aber bisher wenig dafür tut, die bisherigen Erfolge auszubauen und darüber zu sprechen. Dieser Partnermanager ist operativ gut organisiert, wenn es um operative Kundenprojekte geht. Partnerstrukturen und Netzwerke, sowohl im Partner- als auch im eigenen Unternehmen, aufzubauen, ist jedoch nicht seine Stärke. Dieser Partnermanager muss die Partnerschaft mittelfristiger und strategischer angehen, denn ansonsten wird er keine Antwort parat haben, wenn die Zahlen in der Zukunft nicht mehr den Erwartungen entsprechen.

Maßgeblich für die eigene Karriere sind die karrieredefinierenden Felder, während die anderen Felder hauptsächlich die Karriere begleiten, beeinflussen, absichern, bestenfalls fördern. Ohne eine Mehrzahl an Pluspunkten in dem karrieredefinierenden Bereich ist es nicht möglich, das volle Potenzial der Aufgabe des Partnermanagers für sich selbst auszuschöpfen und entsprechend eine erfolgreiche Karriere aufzubauen (vgl. Abb. 78).

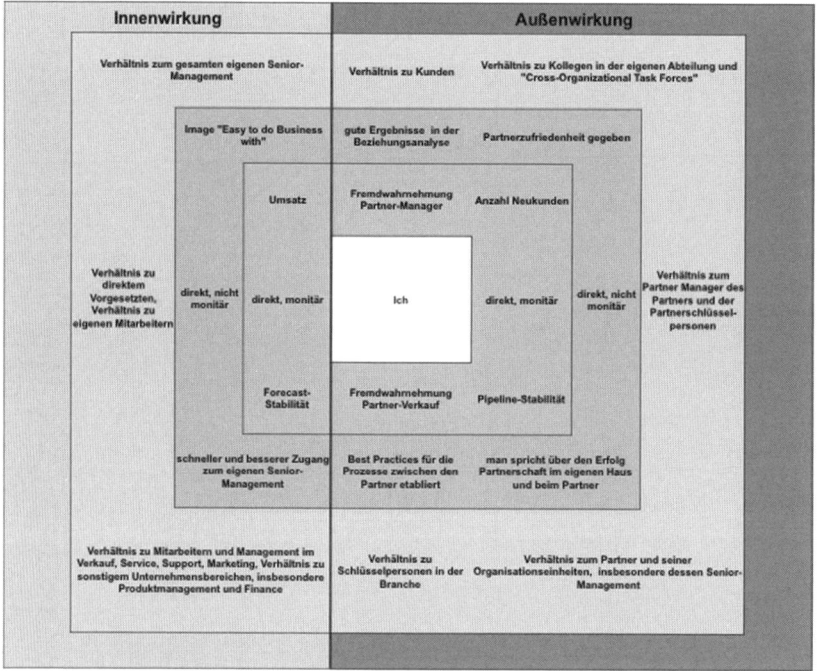

Abb. 75 Profilanalyse Partnermanager – Schritt 4

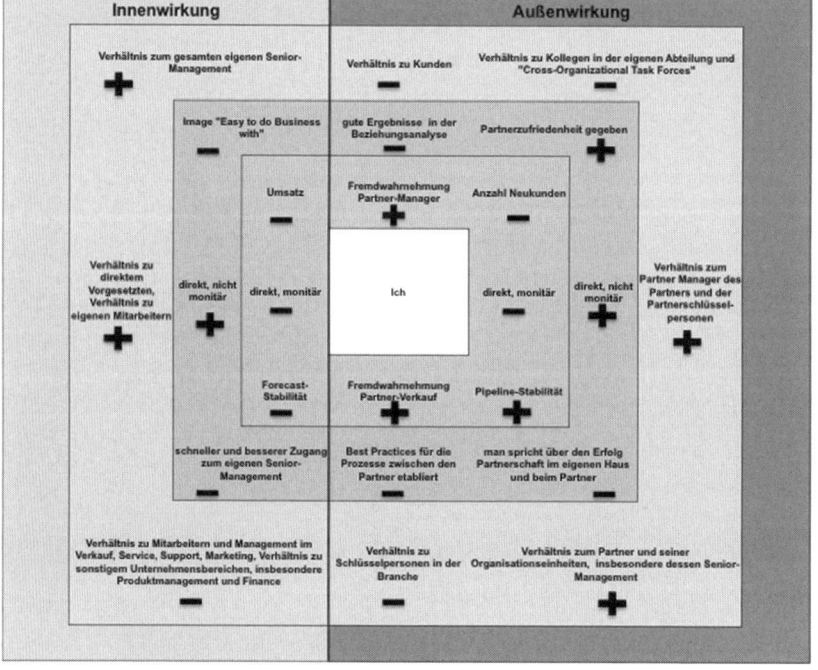

Abb. 76 Beispiel Profilanalyse Partnermanager – 1

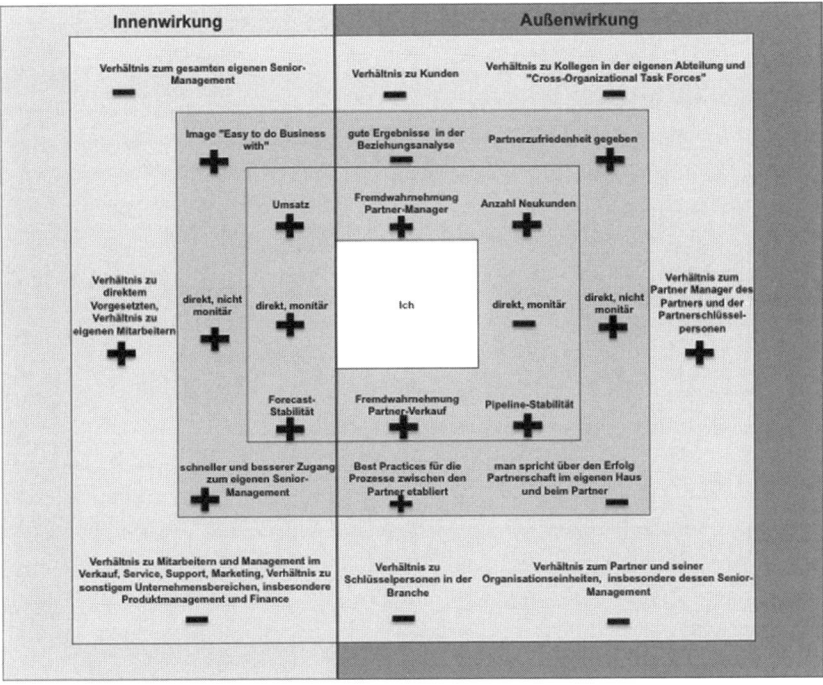

Abb. 77 Beispiel Profilanalyse Partnermanager – 2

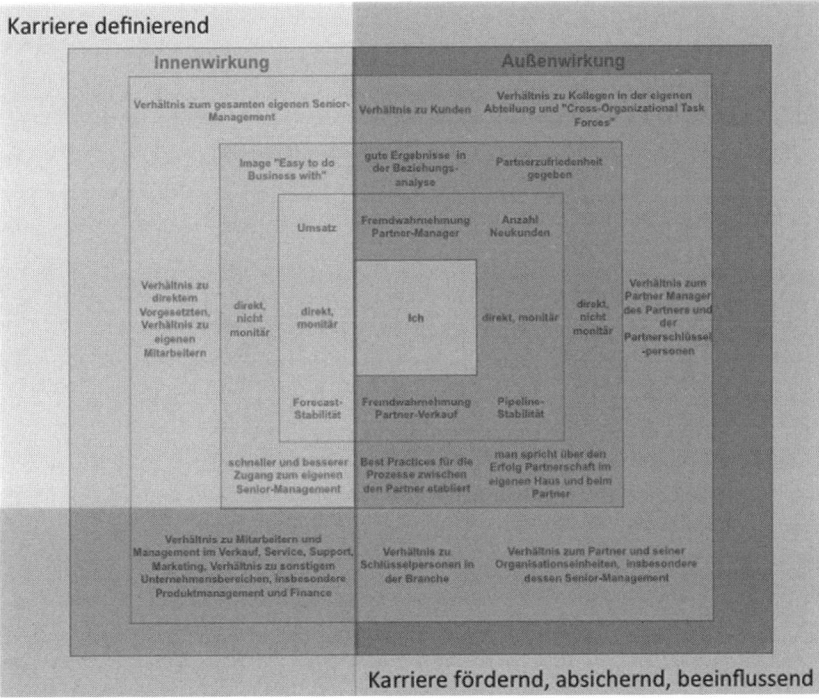

Abb. 78 Profilanalyse Partnermanager – Schritt 5

Fazit & Erkenntnis

Die Profilanalyse ist ein einfaches Modell, sowohl für das Management als auch für den Partnermanager selbst, sich selbst und seine bisherigen Tätigkeiten zu bewerten und daraus Rückschlüssen für die Optimierung seiner Arbeit und seiner Karriere zu ziehen. Man erkennt, ob entweder der Partnermanager als Person nicht für die Aufgabe des Partnermanagers geeignet ist, ob ein spezifisches Beziehungsproblem mit nur einem Partner vorliegt oder das Unternehmen per se, das Partnergeschäft als Randerscheinung betrachtet und damit eine Karriere in diesem Unternehmensbereich eher schwierig werden wird.

Schritt 35: Mehrere Partnerschaften managen

Im Partnergeschäft gibt es keine Exklusivität, und wenn, dann ist sie zeitlich begrenzt mit entsprechenden Verpflichtungen für Marketingaktivitäten, zu erreichenden Umsätzen und Entwicklungsbudgets etc.! In diesem Sinne ist es immer ratsam, mindestens einen weiteren Partner zu bewerten und ggf. sukzessive aufzubauen. Es erlaubt auch, ggf. bestimmte Risiken und Gefahren zu minimieren. Beginnt nämlich der Partner, weitere Forderungen zu stellen, dann sollten Sie einen weiteren Partner aufgebaut haben, der zeitlich um ein ½ Jahr hinter dem „Primary" Partner zurück ist und sich deshalb noch in einer anderen Phase befindet, aber das Potenzial hat zum „Primary" aufzuschließen.

Selten kommt es vor, dass ein Partnermanager nur einen Partner managt. In den meisten Fällen verantwortet er mehrere Partner. Ähnlich wie ein Vertriebsleiter im direkten Verkauf muss er dann die gesamte Pipeline- und Forecast-Stabilität in Bezug auf die eigenen Zielvorgaben über zahlreiche Partner sicherstellen. Dabei zeigt sich auch in diesem Bereich das Pareto-Prinzip: 20 % der Partner werden 80 % des Umsatzes aller Partner erwirtschaften.

Ähnlich wie ein Vertriebsleiter auch muss der Partnermanager den Entwicklungsstand der unterschiedlichen Partner managen. In seinem Portfolio sind

- Partner, die gerade angefangen haben,
- Partner, die erfolgreich Projekte verkaufen und umsetzen,
- Partner, die nicht sonderlich aktiv am Markt sind und lediglich aus Gründen der Reputation im Partner-Portfolio enthalten sind.

Es wird Situationen geben, in denen es aus Gründen der Partner-Portfolio-Strategie Sinn macht, Ressourcen für einen neuen Partner zur Verfügung zu stellen und einem durchgehend erfolgreichen Partner eben nicht. Mittelfristig kann das dazu dienen, die Abhängigkeit von einem Partner zu reduzieren und die Pipeline- und Forecast-Stabilität zu erhöhen. Je mehr Partner der Partnermanager verantwortet, umso aufwendiger ist der Pipeline- und Forecast-Prozess. Zur Verifizierung insbesondere der Chancen für Forecast-Projekte muss er bei jedem Partner mit mehreren Ansprechpartnern sprechen: Partnermanagement, Verkauf, Service des Partners.

Prinzipiell bleiben die bisher vorgestellten Themen wie strategische Initiativen Beziehungstest, Aktivitäten - und Partnerschaftsplan usw. die gleichen. Allerdings muss dabei der Partnermanager beachten, dass zahlreiche Partner auch jeweils einen Partner-USP (kurz für: Unique Selling Proposition) in der Partnerschaft erleben wollen. Der Partner-USP sollte sich in einigen Aktivitäten widerspiegeln. Er ist eine Besonderheit, die sich von anderen Initiativen mit anderen Partnern unterscheidet.

Um mehrere Partner mit ihren Besonderheiten und Eigenheiten in einer Strukturübersicht zur Ansicht zu bringen, bietet es sich an, die folgende einfache Analyse mindestens einmal im Quartal durchzuführen (vgl. Tab. 24).

Pro Quartal und Partner sollten im ersten Jahr stets Verbesserungen in allen Hauptbereichen nachvollziehbar sein. Je nach Branche und Lösung gilt es, zumindest ein Minimalziel zu erreichen. Beispielsweise gilt für das Minimalziel im Bereich IT-Lösungsvertrieb: je nach Partnergeschäft sollte im ersten Halbjahr die Pipeline-Stabilität gegeben sein, und nach dem ersten Jahr sollten die Pipeline - und Forecast-Stabilität und ein adäquates Verhältnis zwischen Pipeline und Forecast vorhanden sein.

Sukzessive müssen Verbesserungen in diesen Hauptbereichen zu verzeichnen sein. Kritisch sind insbesondere aber Bereiche, die eigentlich als „abgehandelt" galten, aber nicht gelebt werden, wie z. B. die Anwendung der „Rules-of-Engagement" als Anhang zum Partnerschaftsvertrag oder Training im Verkauf und Service, das eigentlich keinen Nutzen mehr bringen kann, weil es zu lange zurückliegt. Um zu einer einfachen Übersicht zu gelangen, kann man das Modell aus dem Partnerbeziehungstest heranziehen (vgl. Abb. 79). Im Idealfall hat der Partnermanager eine solche Verteilung, wobei die Silohöhe das Volumen der aktuell generierten Umsatz + Pipeline + Forecast-Summe widerspiegelt.

Tab. 24 Mehrere Partner und deren Entwicklung auf einen Blick

√ fertig
○ offen
⊘ begonnen, nicht abgeschlossen, verbesserungswürdig

	Partner A				Partner B				Partner C				Y - Gesamt		
	Q1	Q2	Q3	Q4	Q1	Q2	Q3	Q4	Q1	Q2	Q3	Q4	Partner A	Partner B	Partner C
Allgemein															
Markt-und Branchenanalyse															
Best Practices - Partner-USP															
Strategische Initiativen - Aktivitäten															
Partnervertrag															
Produktentwicklung; Produktmanagement															
Produktbesonderheiten															
Partner- und Unternehmen-Portfolio															
Partnermanagement															
Partnerbeziehungscheck															
Partnerstabilitätscheck															
Risiken															
Netzwerk- und Kontaktdurchdringung															
Partnerschaftsplan															
Verkauf															
Training															
Pipeline - Volumen	x,xx €	x,xx €	x,xx €	x,xx €	x,xx €	x,xx €	x,xx €	x,xx €	x,xx €	x,xx €	x,xx €	x,xx €	x,xx €	x,xx €	x,xx €
Forecast - Volumen	x,xx €	x,xx €	x,xx €	x,xx €	x,xx €	x,xx €	x,xx €	x,xx €	x,xx €	x,xx €	x,xx €	x,xx €	x,xx €	x,xx €	x,xx €
Pipeline- und Forecast-Stabilität	Pv : Fv	Pv : Fv	Pv : Fv	Pv : Fv	Pv : Fv	Pv : Fv	Pv : Fv	Pv : Fv	Pv : Fv	Pv : Fv	Pv : Fv	Pv : Fv	Pv : Fv	Pv : Fv	Pv : Fv
Verkaufsförderung und Marketing															
Partner-Event-Planung															
Info-Newsletter															
Partnerschafts-CI															
Service															
Training															
Know-How-Transfer															
"Gemeinsam beim Kunden"															
Support															
Training															
Know-How-Transfer															
Eskalationsmanagement															
Finanzen															
Abrechnung, Eingang und Ausgang															
Kosten der Partnerschaft															

Pv : Fv

√ fertig
○ offen
⊘ begonnen, nicht abgeschlossen, verbesserungswürdig

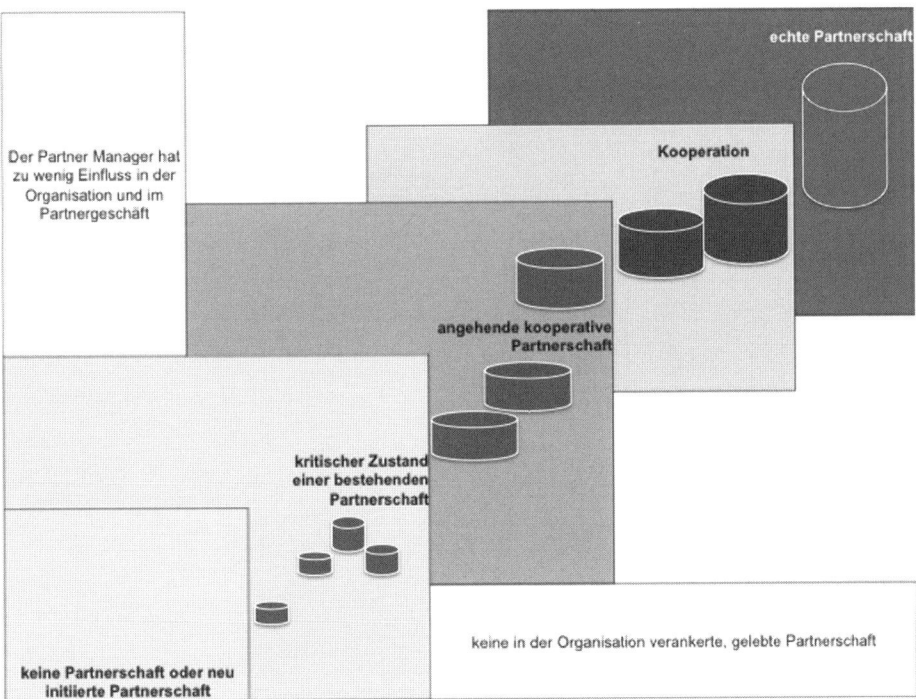

Abb. 79 Ideale Partnerverteilung

Fazit & Erkenntnis

Die Gesamtübersicht des Aktivitätenstatus über alle Partner ist eine einfache Darstellung, wie sich die verschiedenen Partner entwickelt haben. Diese Übersicht ist ein Beleg, je nachdem, für die gute oder schlechte Arbeit des Partnermanagers. Einige der Themen haben sicherlich eine unterschiedliche Gewichtung, aber nur zwei Themen heben sich deutlich von allen anderen hervor, nämlich Pipeline - und Forecastvolumen und -stabilität. Um im Falle von mehreren Partnern zu einer stabilen Forecast- und Pipeline-Planung zu gelangen, müssen die „neuen" Partner sich in einem bestimmten Verhältnis zueinander entwickeln – einem Verhältnis, nicht nur was Umsatz, Pipeline und Forecast betrifft, sondern auch in Bezug auf den jeweiligen Status in der Partnerschaftsphase.

Schlusswort

In bestimmten Branchen, die sich vor allen Dingen durch eine besondere Dynamik auszeichnen, und Branchenteilnehmern, die komplexe Lösungen dem Kunden anbieten, kommt dem Partnermanagement eine immer stärker werdende und bedeutsamere Rolle zu. Unternehmen, die alles herstellen – All-in-One – sind eine aussterbende Spezies. Die Kosten, die im Rahmen von Produktentwicklung, in Verkauf, Service und Support entstehen, sind für Produkte, außerhalb der Kernprodukte, nur noch selten vor den Gesellschaftern und Aktionären zu rechtfertigen. In diesem Sinne ist die Effektivität des Partnermanagements einer der Schlüsselerfolgsfaktoren in diesen Branchen. Das Partnermanagement sorgt letztlich dafür, dass sich das Unternehmen mit seinem Kernprodukt erfolgreich im Markt positionieren kann, Kostenvorteile generiert, indem eben nicht alles an Produkten für eine Kundenlösung im eigenen Haus produziert und vorgehalten wird.

Noch immer haben viele Unternehmen das Partnermanagement einem Unternehmensbereich untergeordnet, wie etwa dem Produktmanagement, dem Verkauf oder dem Service oder sie haben es in einer Abteilung wie „Business Development" „pseudomässig"-angesiedelt, das sich hauptsächlich um Unternehmensakquisitionen kümmert. Nur wenige Unternehmen haben das Potenzial eines effizienten Partnermanagements erkannt und dafür einen eigenen Bereich in der Geschäftsführung geschaffen. Wenn in den oben beschrieben Branchen das Partnermanagement nicht den Stellenwert erhält, dann bleiben die Kosten in Bezug auf lösungsintensive Kundenprojekte immer zu hoch. Das Partnermanagement kann über die hier vorgestellte Best Practices im Aufbau und im Umgang mit Partnern eine deutliche Kostensenkung bewirken, wenn zahlreiche Abstimmungsprozesse vorher durch den jeweiligen Partnermanager definiert sind, und bereits gelebte, vertrauliche, vertragliche Beziehung bestehen und nicht erst in jedem Projekt neu definiert werden müssen.

Der Partnermanager ist der Mitarbeiter im eigenen Haus, der die intensivsten Kontakte zu Partnern und im eigenen Unternehmen pflegen muss. Tut er es nicht, können Partnerschaftsprojekte teuer werden und womöglich nicht die Kundenbedürfnisse befriedigen. Der Partnermanager ist permanent in einem Selbstreflexionsmodus, wenn er mit diesen Werkzeugen arbeitet, denn sie ermöglichen es ihm, nicht nur sehr effizient zu arbeiten, sondern seine Arbeit aus vielen Perspektiven selbst zu bewerten. Gerade im Lösungsgeschäft mit

© Springer Fachmedien Wiesbaden 2015
R. Klimke, *Professionelles Partnermanagement im Lösungsvertrieb,*
DOI 10.1007/978-3-658-06074-9

langen Verkaufszyklen ist der reine Fokus auf Pipeline und Forecast zwar notwendig, aber noch lange nicht zielführend oder gar hilfreich für die tägliche Arbeit des Partnermanagers. Mit Blick auf ein effizientes Partnermanagement wurden deshalb in diesem Buch auch zahlreiche Analyse-Tools integriert, die es dem Partnermanager erlauben, ständig den Status der Partnerschaft zu überprüfen und daraus entsprechende Aktivitäten abzuleiten.

Um ein effizientes Partnermanagement aufzubauen und zum Erfolg zu führen, bedarf es einer Reihe von in der Praxis bewährten Werkzeugen, die hier vorgestellt wurden – immer mit dem Fokus, das richtige Maß für viele Aktivitäten im Auge zu behalten und einen strukturierten Pragmatismus umzusetzen.

Literatur

Clay, Brett. 2010. *Selling change: 101+ secrets for growing sales by leading change*. New York, Ariva Publishing.

Grams, A. 2008. *Partner relationship management*. BoD.

Hair, J. F., et al. 2008. *Sales management: Building customer relationships and partnerships*. Boston, Academic Internet Publishers Incorporated.

Hanan, M. 2011, Consultative Selling: The Hanan Formula for High-Margin Sales at High Levels, AMACOM

Miller, B. und Heiman, S., 2005. *The new strategic selling*. London, Business Plus.

Klimke, R., und M. Faber 2013. *Erfolgreicher Lösungsvertrieb*. 2. Aufl. Wiesbaden, Springer-Gabler.

Milz, M. 2013. *Vertriebspraxis Mittelstand*. Wiesbaden Springer-Gabler.

Porter, M. E. 1998. *Competitive strategy*. New York, Free Press.

Porter, M. E. 1998. *Competitive advantage*. New York, Free Press.

Utzinger, S. 2011. *Channel revolution*. lulu.com.

Wheeler, S. 1999. *Channel champions*. Oxford, Jossey-Bass.

© Springer Fachmedien Wiesbaden 2015

R. Klimke, *Professionelles Partnermanagement im Lösungsvertrieb*,

DOI 10.1007/978-3-658-06074-9

Sachverzeichnis

© Springer Fachmedien Wiesbaden 2015
R. Klimke, *Professionelles Partnermanagement im Lösungsvertrieb,*
DOI 10.1007/978-3-658-06074-9

Printing: Ten Brink, Meppel, The Netherlands
Binding: Ten Brink, Meppel, The Netherlands